415系物語

福原俊一

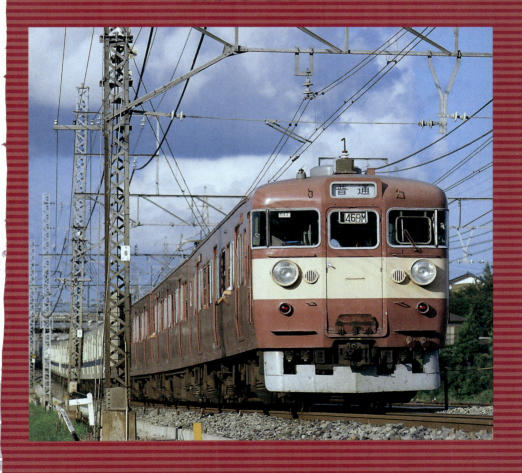

まえがき

　国鉄が民営化を迎えた昭和62年3月、電化キロは直流区間が5800km、交流区間が3500km（新幹線を除く）に達した。既設の直流電化区間と交流電化区間を直通運転する交直流両用電車は約2500両がJR各社に承継されたが、最初の量産形式401・421系近郊形電車が誕生したのは昭和35年のことである。401・421系は常磐線上野（東京）－勝田間と山陽・鹿児島本線小郡（現在の新山口）－久留米間で36年6月から営業運転が開始され、主電動機パワーアップ形式の403・423系とともに常磐・北九州地区の近郊輸送に活躍を続けた。

　それまでの交直流電車は403・423系のように50Hz用と60Hz用に別形式がおこされていたが、50/60Hz両用の主変圧器が開発され、特急・急行形に続いて近郊形も50/60Hz両用に移行し、拙稿の主役である415系が46年度に誕生した。主回路システムだけでなく、3扉セミクロスシートの車体設備、東海形スタイルの伝統を受け継いだデザインなども従来車の延長に位置するため目新しさに乏しく、地味な存在という言葉がピッタリあてはまる415系だったが、民営化後の平成2年度まで20年にわたって増備が続けられた。

　401・421～415系は、民営化後のJR西日本

表1　401（403）・421（423）系・415系　番台別構造概要

		401系	403系	421系	423系
電気方式		直流1500V・交流20000V（50Hz）		直流1500V・交流20000V（60Hz）	
最高運転速度（km/h）		100			
車体	構体	鋼製			
	連結面間長さ（mm）	20000			
	座席配置	セミクロス			
	シートピッチ（mm）	1420			
	出入口幅（mm）×数	1300両開×3			
	側出入口	自動			
空調装置（kcal/h×数）		－	－	－	－
台車	まくらばね	コイルばね			
	軸箱支持方式	ウィングばね			
主電動機	方式	直流直巻			
	出力（kW）	100（375V）	120（375V）	100（375V）	120（375V）
駆動方式		中空軸平行カルダン			
制御方式		電動カム軸・直並列抵抗制御			
補助電源装置		MG（20kVA）			
ブレーキ方式		発電ブレーキ併用電磁直通ブレーキ			
製造初年度（改造初年度）		昭和35年度	昭和41年度	昭和35年度	昭和39年度
記事					

注：1500番台（平成元年度以降の増備車）の電気方式は、直流1500V・交流20000V（50Hz）

で誕生した113系近郊形直流電車からの改造車も含めると表1のような11グループがおこされ、最終的には約1000両の大所帯にまで成長した。初期の401・421系から最終グループの415系1500番台にいたる足跡は、同じ系列とは思えないくらい大きく変貌し、国鉄近郊形電車の改良の縮図とみることもできよう。

当時の最新技術を装備したセクシーピンクの近郊形交直流電車も、早いものでは誕生以来50年を超える歳月が経過し、近年では後継車両への置替えに伴い初期の401(403)・421(423)系は既になく、標準形式の415系も廃車が進められ、平成26年度末現在の在籍両数はJR東日本64両、JR西日本33両、JR九州162両の計259両まで減少している。

平成27年度に401・421系誕生から55年を迎える。そのような区切りの時期に彼ら一族のあゆみを振り返るのも意義あると考え、ここに筆を執った次第である。車両オリエンティッドな足跡だけでなく技術的・社会的背景、計画・改造に携わった関係者のモチーフなどを筆者の拙い力量でどこまで語れるか心許ないが、交流電化試験がスタートした昭和30年代初頭から話を始めることにしよう……。

福原俊一

			415系				
0番台	0'番台	100番台	500番台	700番台	1500番台	800番台	
直流1500V・交流20000V（50Hz・60Hz）注							
100							
鋼製					軽量ステンレス	鋼製	
20000						20000	
セミクロス	セミクロス	セミクロス	ロング	セミクロス	ロング セミクロス	セミクロス	
1420		1490	—	1490		1700	
1300両開×3						1300両開×3	
自動						半自動	
—	42000×1					42000×1 12000×3	
		コイルばね			空気ばね	コイルばね	
		ウィングばね			円錐積層ゴム	ウィングばね	
直流直巻							
120（375V）							
中空軸平行カルダン							
電動カム軸・直並列抵抗制御							
MG（20kVA）	MG（160kVA）				BLMG（190kVA）	MG（110kVA）	
発電ブレーキ併用電磁直通ブレーキ							
昭和46年度	昭和49年度	昭和53年度	昭和56年度	昭和59年度	昭和60年度	（平成2年度）	
				車端部はロングシート			

目次

まえがき	2
国鉄時代の415系一族と試作交直流・交流電車	5

1. 交流電化の成功と交直流・交流電車の試作 ……… 16
仙山線で産声を上げた交流電化／490系交直流両用電車の試作と新技術のシリコン整流器／常磐・鹿児島本線の交流電化／鹿児島本線用交流電車クモヤ791の試作／簡易式交流専用電車クモヤ790

2. 401・421系交直流電車の誕生 ……… 38
常磐・鹿児島本線の電車運転／401・421系の概要と性能／新製時の概要／401・421系の性能試験と最初の営業運転／401系の冒進試験

3. 昭和36～39年度の動き ……… 56
増備車の設計変更（401・421系）／401・421系の営業運転／昭和36年度の動き－営業運転開始の初期トラブルと第1次量産化改造工事／昭和36年度の動き－鹿児島本線荒木電化開業／昭和37～38年度の動き－常磐線高萩電化開業／昭和39年度の動き－特殊電源車サヤ420の誕生

4. 403・423系の誕生と昭和39～43年度の動き ……… 73
403・423系の誕生と概要／増備車の設計変更（403・423系）／昭和40年度の動き－鹿児島本線熊本電化開業と平以北への延伸／昭和41年度の動き－日豊本線新田原電化と水戸線電化開業／昭和42年度の動き－日豊本線大分（幸崎）電化／昭和43年度の動き－遜色急行の運転開始／昭和44年度の動き－モハ402・422主整流器振替工事

5. 415系の誕生と昭和46～51年度の動き ……… 85
415系0番台製作のいきさつ／415系0番台の概要と形式番号／0'番台 製作のいきさつと概要／増備車の設計変更（415系0'番台）／昭和46年度の動き－常磐線の複々線化と鹿児島本線特別快速のデビュー／昭和49年度の動き－常磐・日豊本線の輸送改善／昭和51年度の動き－長崎本線・佐世保線の電化

6. 415系100・500・700番台の概要 ……… 102
415系100番台製作のいきさつと概要／増備車の設計変更点（415系100番台）／415系500番台製作のいきさつと概要／増備車の設計変更点（415系500番台）／415系700番台の概要

7. 昭和53～60年度の動き ……… 119
昭和53年度の動き－鹿児島本線の輸送改善と先行試作車の廃車／昭和54年度の動き－403系事故廃車とモハ401-26の改造／昭和55年度の動き－長崎本線・佐世保線の増発／昭和56年度の動き－特別保全工事の施行／昭和57年度の動き－常磐線上野口客車列車の置替え／昭和58年度の動き－マイタウン電車と常磐線中電新塗色のデビュー／昭和59年度の動き－常磐線中電の15両化／昭和60年度の動き－常磐線中電の科学万博輸送

8. 415系1500番台の概要 ……… 126
製作のいきさつと概要／新製時の概要／昭和61年度の動き－九州色への塗色変更／昭和61年度の動き－401・421系の廃車とクハ401-101の改造

9. 冷房改造工事 ……… 137
集中式冷房改造工事／分散式冷房改造／床置式冷房改造工事／JR東日本の冷房改造工事

JR時代の415系一族 ……… 146

10. 民営化後の変遷（JR東日本） ……… 162
増備車の設計変更点（415系1500番台）／サハ411形700番台をクハ411形700番台に改造／ロングシート改造／廃車及び他社への譲渡

11. 民営化後の変遷（JR西日本） ……… 177
415系800番台改造のいきさつ／415系800番台改造時の概要／415系800番台の営業運転開始と変遷

12. 民営化後の変遷（JR九州） ……… 190
リニューアル工事／廃車及び他社からの譲渡／運転の変遷

あとがき	206

巻末資料
- 415系全車両車歴一覧 ……… 198

コラム
- クモハ491・クハ490旅客電車に改造された490系試験車 ……… 25
- 常磐線交流電化と柿岡地磁気観測所 ……… 27
- シリコン整流器の量産と標準化 ……… 51
- 水戸線電化と幻のクモユニ411 ……… 79
- 両わたり・片わたりと両栓・片栓について ……… 94
- 415系700番台のRS49主整流器 ……… 118
- 分散式・床置式冷房改造車について －新海譲次氏に聞く ……… 144
- JR東日本クハ415形1900番台について －佐藤裕氏に聞く ……… 172
- JR東日本クハ415形1900番台について －町田一善氏に聞く ……… 174
- JR西日本415系800番台 について －児玉佳則氏に聞く ……… 187
- クハ421-35とクハ421-65のこと ……… 193

扉写真：常磐線　昭和59年7月29日　北小金　写真：小川峯生

国鉄時代の415系一族と試作交直流・交流電車

401系　昭和42年10月8日　我孫子　写真：田澤義郎

御徒町で憩う401系8両編成　昭和37年12月　御徒町　写真：星　晃

421系快速 営業運転開始当初はヘッドマークを掲出していた　昭和36年11月　雑餉隈（現南福岡）　写真：手塚一之

門司港発雑餉隈行5015M　昭和39年8月7日　小倉駅　写真：星　晃

海老津駅に進入する第1次量産車　昭和40年10月16日　写真：星　晃

昭和58年8月　熊本　写真:佐藤利生

引退直前の401系K1編成　昭和53年11月　写真:國井浩一

常磐線　昭和50年8月　大津港−勿来　写真：浅原信彦

日豊本線　昭和50年10月　中山香−杵築　写真：浅原信彦

小倉発小郡行快速421系8両編成　昭和47年8月14日　長府-小月　写真：寺本光照

宇部線乗入れの421系　昭和50年1月　小郡　写真：手塚一之

宇部新川に停車する421系　昭和60年6月20日　写真:佐藤利生

宇部線　昭和45年5月　琴芝-宇部新川　写真:浅原信彦

エキスポライナー　昭和60年8月25日　取手　写真：佐藤利生

土浦区の415系　昭和60年6月15日　写真：福原俊一

南福岡電車区の415系一族　昭和60年8月24日　写真：福原俊一

新旧の並び　昭和61年4月26日　写真：福原俊一

クモハ491・クハ490

左のクモハ491は便所が追設されている

クモハ490系
昭和36年6月5日
作並　写真：増田
純一（3点とも）

試作交流電車モヤ94000（のちのクモヤ791-1）　敦賀第2機関区　写真：星　晃

クモヤ791

サヤ420　写真：豊永泰太郎（上）、手塚一之（下）

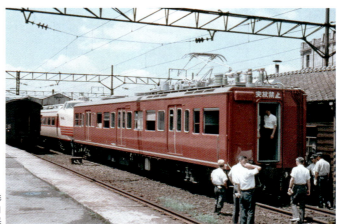

試運転中のサヤ420＋こだま形
昭和39年8月7日
門司　写真：星 晃

01 交流電化の成功と交直流・交流電車の試作

1 仙山線で産声を上げた交流電化

　日本の電気鉄道は明治年間まで起源が遡るが、東海道本線が全線電化された昭和31(1956)年当時の国鉄は一部の私鉄買収線区を除いて直流1500Vが用いられていた。電車・電気機関車は、車両の外部から供給された電気によりモーターつまり主電動機を回転して走行するが、主電動機の特性としては
① 起動時に大きな回転力が必要なこと
② 起動から高速域にいたるまで広い範囲の速度制御が容易なこと
が要求される。これらの要件には直流モーターが適しているため、架線から集電した電気をそのまま使える直流電化が広く用いられていた。しかし直流電化は、電力源の交流を変換する変電所などの地上設備が必要なデメリットがあり、電力源から直接受電できる、つまり直流電化に比べて地上設備投資が低く抑えられるメリットのある交流電化が、20世紀初頭から試みられるようになった。

　低周波の16・2/3Hz(50Hzの1/3)や三相交流方式を試みた黎明期の歴史は省略し、商用周波数の50Hzを用いて1936年に試験を開始したドイツのヘレンタール線から話を進めよう。第二次大戦後にドイツを占領してヘレンタール線を接収したフランスは同線区の交流電化方式に着目し、資材を転用してサボア線を20000V・50Hzで電化し
① 交流を用いて交流整流子電動機を駆動する方式(いわゆる直接式)
② 水銀整流器を介して直流に変換し、直流電動機を駆動する方式(いわゆる間接式)

SNCFサボア線で試用された直接式のCC6051。

SNCF東北部幹線に投入された電動発電機式のCC14101。

ED44 1　作並　昭和33年3月10日　写真：星　晃

の2方式の電気機関車を試用し、優れた性能が確かめられ、その試験結果が1951年10月にアヌシィで公表された。世にいう「アヌシー・レポート」だが、サボア線の成功に力を得たフランス国鉄（SNCF）は鉱山重工業地帯である北部幹線バランシェンヌ－トインビル間の約350kmを交流電化し、サボア線の2方式に加えて
③ 電動発電機で直流を起こし、直流電動機を駆動する方式
④ 相数・周波数変換器で三相交流を起こし、三相誘導電動機を駆動する方式
の4方式計105両の機関車が1954年から就役していた。②と③は従来と同じ直流電動機を使う方式、①と④はそれぞれ単相交流・三相交流電動機を使う方式であるが、SNCFとしては交流電化に適した方式を見定めようと北部幹線で本格的な営業運転を開始していた。

　一方、「アヌシー・レポート」には日本も強い関心を持ち、時の長崎惣之助総裁がSNCFのアルマン総裁を訪れて交流電化を視察し、帰朝後に小倉俊夫副総裁を委員長とする交流電化調査委員会が28年8月に設立された。長崎総裁の肝いりで設置された交流電化調査委員会で調査研究の結果、交流電化が有利との見通しが得られたが、机上の結果だけで実行に移すことは経験工学の所産である鉄道技術の基本に反する。適当な線区で試験が行われることになり、列車本数が比較的少ないことや直流区間（作並－山寺間）との接続試験ができることなどの条件から、仙山線の北仙台－作並間が試験線区に選ばれた。

　黎明期の交流電気機関車の技術開発は一巻の物語になるのだが、ここでは省略するとして、結果的には上述の①と②の方式が国内で独自に開発されることになり、①方式のED44と②方式のED45試作機関車が30年に完成した。仙山線の試験で交流電気機関車は、D51や旧形電気機関車では350tがやっとだった25‰勾配で600tの試験列車の引出しに成功するなど予想外ともいえる高性能を実証した。車両の力行・ブレーキ時に車輪とレール間に発生する摩擦のことを鉄道では「粘着」と称している。交流電気車両では空転が発生

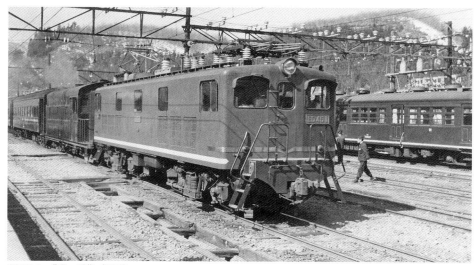

ED45 1　作並　所蔵：福原俊一

したときはパワーを一時的に下げて再度粘着することが容易な優れた粘着特性を実証した。ひいては6個の主電動機を持つ従来の直流電気機関車に匹敵する性能が4個の主電動機で実現できる。仙山線でのテストを経て交流電化調査委員会は「今後の電化にあたっては交流電化の採用が有利である」と、当時の十河信二総裁にあてて31年に答申した。

交流電化の成功を受けて北陸本線のほか、東北本線黒磯以北などの東北地区・鹿児島本線などの九州地区は交流電化で進める方針が定められ、32年10月に北陸本線米原－敦賀間が交流電化で開業、間接式のED70が営業運転を開始した。交流電化の架線電圧は国際標準規格では25000Vだが、日本では20000Vが一般電力系統の標準だったこと、トンネルのような支障物が多く25000Vの採用には絶縁上問題があると考えられたことなどの理由から20000V（東日本は50Hz、西日本は60Hz）が採用された。

2　490系交直流両用電車の試作と新技術のシリコン整流器

交流電化が伸展すると、旅客列車では必然的に既設の直流電化区間との直通運転が要請される。このため両区間を走行できる交直流両用電車が試作されることになり、直流電動

表2　490系試作交直流電車 主要諸元

		クモヤ490 （改造種車：モハ73）	クヤ490 （改造種車：クハ5900）
電気方式		直流1500 V・交流20000 V（50Hz）	
編　成		A編成：クモヤ490-1 ＋ クヤ490-1 B編成：クモヤ490-11 ＋ クヤ490-11	
最高運転速度（km/h）		95	
自重（t）		44.5	33.2
1時間 定格	出力（kW）	568	
	速度（km/h）	50（全界磁）	
	引張力（kg）	4100（全界磁）	
主電動機		MT40B 改造 142kW	－
主変圧器			A編成：外鉄形 B編成：内鉄形
主整流器	方式		A編成：イグナイトロン B編成：エキサイトロン
	製作会社		A編成：三菱電機 B編成：日立製作所
改造年度		昭和32年度	
記　事		交直流電車改造：昭和32年度 クモヤ490・クヤ490改番：昭和34年度 クモハ491・クハ490改番：昭和35年度 廃車：昭和40年度	

機と整流器を用いた2両編成の試作電車が33年3月に誕生、仙山線にその雄姿を現した。いずれも在来の直流電車の改造で、制御装置・主電動機は種車（モハ73）の機器を流用し、飯田線で使用していた社形車クハ5900は丸屋根を切取って偏平にしてパンタグラフなどが取付られけたほか、三菱製のイグナイトロンと日立製のエキサイトロン水銀整流器などが搭載された。

34年6月の形式称号改正に伴いクモヤ490・クヤ490に改番された490系は電動車（M車）・電源車（D車）と呼称され、主変圧器・水銀整流器と交直切換方式はA編成とB編成で異なる方式が試みられた。ところで490系試作交直流電車が誕生したのは機関車に遅れること約二年後のことである。当時の国鉄は「機関車にあらずんば人にあらず」といわれていた時代、交流電気車両の開発も機関車に重きが置かれていたのでしょうかと、工作局動力車課・車両設計事務所で黎明期の交流電気車両の設計リーダーをつとめた澤野周一氏にお聞きしたところ

「80系湘南形も既に運転されていましたから、直流区間と直通する交直流電車も念頭にありました。しかし交流電化が100％成功する保証はありません。したがって先ず交流機関車を試作して技術的な見通しを確かめ、その次に交直流電車という順番になるわけで、決して電車を軽視していたわけではありません」と当時の背景を語った。

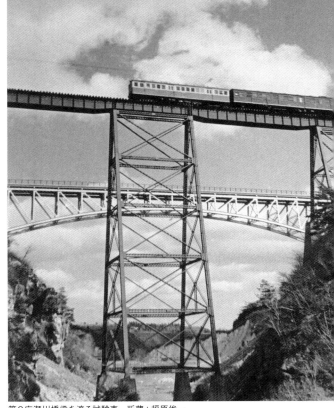

第2広瀬川橋梁を渡る試験車　所蔵：福原俊一

図1　490系交直流電車構造略図　出典：電車誌1958年4月号

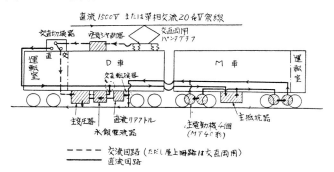

クハ5900+クモハ73050(後のクヤ490-11+クモヤ491-11) 日立水戸工場 昭和33年2月4日 写真：星 晃

水銀整流器は水銀を入れた真空タンクを加熱して発生させた水銀蒸気の作用で整流するが、温度制御など取扱い面も厄介な代物であった。作並機関区で試作交直流・交流電車の検修に携わっていた山本陸央氏の記憶では、出庫時の水銀整流器の予熱などに数十分の時間がかかっていたという。蒸気機関車ほどではないが出庫に時間のかかる弱点があった。またED45に使用された水銀整流器は、車両の振動でタンク下部の液体水銀ダメが動揺飛散して整流がうまく行われなかったほか、バックファイアーと称するアーク発生などの初期故障が多発していた。

「水銀整流器を長大編成の電車に並べたら実用に耐えないであろうことは分かっていましたが、水銀整流器がどんな形で床下に装備可能で保守性がどうかということも焦点の一つだったので、高さ寸法を詰めて床下に搭載しました」と、澤野技師の部下で交流電気車両の設計に携わった寺戸浩二氏は思い出を語った。一方、490系が完成したころ先進諸外国ではゲルマニウム

水銀整流器試験車の内部　昭和33年3月10日　写真：星　晃

クハ5901+クモハ73034（後のクヤ490-1+クモヤ491-1）　昭和33年4月19日　写真：星　晃

左がイグナイトロン整流器　写真：星　晃

クヤ490-1の屋根上　写真：星　晃

やシリコンといった半導体を用いた整流器が交流電気車両に採用されるようになり、日本の電機メーカーも提携関係にあった外国各社の技術を導入してシリコン整流器の開発が進められていた。

「我々もゲルマニウムとシリコンの勉強をはじめたのですが、耐電圧性や容積などを総合的に比較すると、シリコンの方が優れていることが分かってきました。昭和33年には東芝をはじめとする国産品がようやく出はじめたので、490系に取付けることにしました」と、澤野氏は思い出を語った。シリコン整流器は三菱・東芝・日立の3社で製作され、同年11月に491系に仮設して性能試験が行われた。このときのシリコン整流器は日立・東芝がGE社製、三菱がウェスチングハウス社製の素子が使われたが、この素子も翌年には国産化できるようになり、490系では水銀整流器に代わって取付けられ長期の耐久試験が開始されるようになった。

図2 490系機器配置図 出典：電車誌1958年7月号

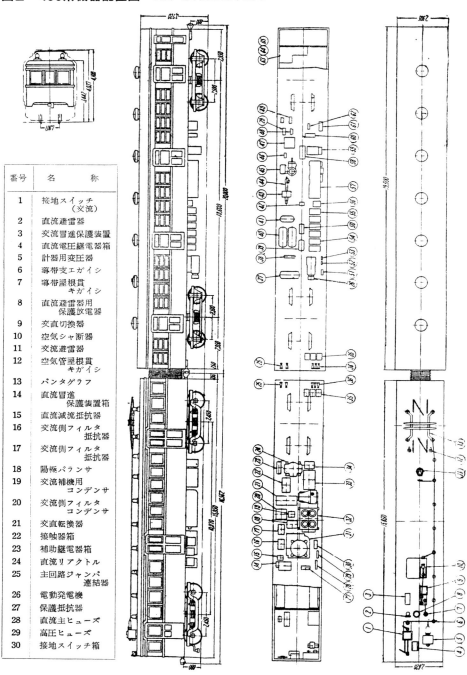

番号	名称
1	接地スイッチ（交流）
2	直流避雷器
3	交流冒進保護装置
4	直流電圧継電器箱
5	計器用変圧器
6	導帯支エガイシ
7	導帯屋根貫キガイシ
8	直流避雷器用保護放電器
9	交直切換器
10	空気シャ断器
11	交流避雷器
12	空気管屋根貫キガイシ
13	パンタグラフ
14	直流冒進保護装置箱
15	直流減流抵抗器
16	交流側フィルタ抵抗器
17	交流側フィルタ抵抗器
18	陽極バランサ
19	交流補機用コンデンサ
20	交流側フィルタコンデンサ
21	交直転換器
22	接触器箱
23	補助継電器箱
24	直流リアクトル
25	主回路ジャンパ連結器
26	電動発電機
27	保護抵抗器
28	直流主ヒューズ
29	高圧ヒューズ
30	接地スイッチ箱

製品例 3

630 kW 交直両用電車用シリコン整流装置

間接形交流車両の交流直流変流装置は、走行する車両に積載するため、制御上も取扱上もできるだけ簡易化することが希望されております。

本器はこの目的に沿うためシリコン整流装置を風冷式車両用として製作したもので、日本国有鉄道、仙山線の交直両用電車として実負荷性能試験を行います。

形　　式	KTF4-SB12J10
定格出力	630 kW 1 時間
	1260 kW 10 秒間
直流電圧	1500 V
直流電流	420 A（1 時間定格）
整流体接続	単相ブリッジ結線
	12S×10P×4A

交直両用電車用シリコン整流器

交直両用電車用シリコン整流器側面

本器の特長

1. 車両の尖頭負荷耐力に充分な並列枚数をとっております。
2. 外雷および開閉サージ等の内雷に耐えるよう交流主変圧器一次側と二次側コンデンサのサージ吸収能力と協調をとるよう直列枚数をとつております。
3. 直流側短絡、主電動機フラッシュオーバーに備えて各直列素子群に、電流即応性のヒューズを備え、過電流継電器空気遮断器との動作協調が行われております。

本器の構造

整流器は左図のトレイ式キュービクル形にまとめられ、背面にヒューズを設けてあります。床下取付用のため塵埃、雨、雪等の悪条件にも充分なようにしてあります。

整流体は米国 GE 社の 4JA60C 形を採用しております。

交直両用電車用シリコン整流器トレイ

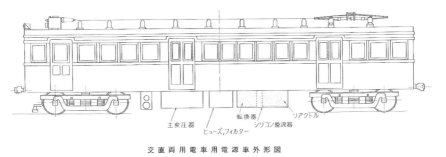

交直両用電車用電源車外形図

東芝の整流器パンフレット　所蔵：福原俊一

490系でシリコン整流器の試験が実施される前の33年9月には、富士電機製のセレン整流器も試用されたが、半導体整流器としてはゲルマニウム・セレンがふるいにかけられ、耐電圧・熱容量やスペース面で優れたシリコン整流器に収斂されていった。

「シリコン整流器は水銀整流器よりも安定しているし保守も容易でしたが、M社のシリコン整流器は1日の試運転が終わると素子がパンクしていることが多く、試運転終了後に取替えていました」と山本陸央氏は思い出を語った。パンクしたシリコン整流素子の取替えは困難な作業ではなかったが、予備品が大量にあるわけではないので工場から運んでいたとのことだった。そんな初期トラブルはあったもののシリコン整流器は水銀整流器のように振動や温度制御に影響されず、澤野氏の勘にたがわぬ優秀な成績を示した。こうして交流電気車両はいうにおよばず、変電所用大容量整流器にいたるまでシリコン整流器は電気鉄道に幅広く使用される、シリコン整流器なかりせば交流電化の発展も新幹線電車も不可能だったことはいうまでもない……。

3 常磐・鹿児島本線の交流電化

北陸本線に続いて東北本線の交流電化工事が開始された。東北本線の交直接続点は輸送密度が一番希薄なこと、東北本線に運転される急行列車がすべて黒磯に停車していた（念のため記すが、当時はまだ東北本線に特急列車は運転されていなかった）ことなどの理由から黒磯と決まり、同駅に地上切換設備が施された。黒磯以北の交流電化は昭和34年に白河まで完成したのを皮切りに36年3月には仙台まで北進、ED70と同様の水銀整流器式のED71機関車が運転を開始していた。

東北本線と並ぶ幹線で24年に取手まで電化されていた常磐線は、石岡駅西方約10kmの地点にある柿岡地磁気観測所観測業務に影響を与えるため藤代以北は直流電化できなかったが、別項で述べた「地磁気擾乱対策協議会」で検討の結果、漏洩電流が小さい交流電化ならば可能との結論が31年2月に出されていた。「上野まで交流化する案も検討しましたが、上野－取手間の通勤電車を一夜にして交流電車に取替えなければならないこと、上野駅の着発線を交流化する常磐線と他線区を厳密に使い分けなければならないこと、さらには尾久客操の入出庫や常磐貨物列車が発着する田端駅構内などの問題があって断念しました。したがって接続点は藤代しかなく、車上切換とするか地上切換とするか議論され、地上設備費・車両費ともに廉価だった車上切換方式で運転されることになったのです」と、昭和30年代前半に本社運転局客貨車課総括補佐・門鉄局列車課長として交直流電車の運転計画に携わった齋藤雅男氏は思い出を語った。東北本線黒磯以北が交流電化されるのだから、将来常磐線が全線電化されたあかつきには、どこかに設けなければならない交直接続点は藤代に決定され、常磐線は取手－平（現在

表3 黎明期の半導体整流器 一覧

	セレン整流器（富士）	シリコン整流器				
		三菱（WH）	東芝（GE）	日立（GE）	三菱	日立
定格容量（kW）	630	600	630	575	570	575
定格電圧（V）	1500	1500	1500	1350	1350	1350
定格電流（A）	420	400	420	426	420	426
素子数	640	192	480	448	160	320
使用車両	491系A編成	491系A編成	491系A編成	491系B編成	491系A編成	491系B編成
車両搭載年月	昭和33年9月	昭和33年11月	同　左	同　左	昭和34年10月	同　左

WH：ウェスチングハウス　を示す

Column
── クモハ491・クハ490旅客電車に改造された490系試験車 ──

　昭和35年11月に仙山線の全線電化完成に伴い、490系交直流試験電車は営業用に改造されクモハ491・クハ490に改番された。主な改造施行内容は便所及びステップ取付け、車内に設けられていた直流リアクトル・バッテリー撤去などで、クモハ491の中央2扉は固定し、両端部扉は半自動化された。

　クモハ491・クハ490は仙山線の電化完成間もない11月から、紅葉臨・スキー臨などの臨電で使用されたと鉄道愛好家向け雑誌に記されている。36年当時に仙台から作並まで通勤していた山本氏の記憶では、仙台7:00発山形行（313レ）のスジで使用された490系4両編成を通勤に利用していたとのこと、さらに巻頭カラー490系写真を提供いただいた増田純一氏は仙台14:36発山形行（817レ）のスジで使用された編成を撮影したとのこと、長期間にわたって定期列車で「代走」した様子がうかがえるが、予備車がないので定期運用に就役することなく、試作車のご多聞にもれず活躍の期間は短く40年度に廃車された。

仙山線で旅客運用につくクハ490・クモハ491　冬期運用のため雪カキ器が取付けられている　山寺　昭和36年2月4日　写真：小川峯生

図3　形式図（クモハ491-1） 出典：電車形式図1963

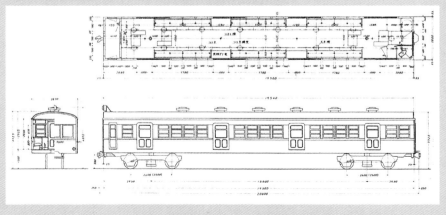

架線の下を走る常磐線のC62牽引列車　土浦　昭和37年8月27日
写真：田澤義郎

のいわき）電化工事が33年12月に着工した。

　常磐線の電化計画と並行して、山陽本線と鹿児島本線をはじめとする九州各線の電化にあたり交直接続点が検討された。決定まで紆余曲折はあったがその経緯は別の機会に譲るとして、結果的に山陽本線は全線直流電化とし、九州島内は鳥栖以南や日豊本線など輸送密度の高くない線区の電化を考慮して交流電化とする方針が決定された。

　「機関車のロングラン運用を考慮して交直接続点は下関－門司間としたのです。当初は下関で考えましたが、関門トンネルの交流化は不可能なので門司とし、黒磯の地上切換設備が複雑で高額なことの反省から、当時開発が進んでいた車上切換と決定したのです」と、齋藤氏は当時の経緯を語った。交流電化は直流区間よりも絶縁距離が多く必要になるため、トンネル断面を大きくしなければならないハンディがここでは交直接続点の決め手になったのである。しかし国鉄の

幹線電化は都心部から片押しで進める不文律があり、当時の山陽本線は33年に姫路電化が完成したばかりで全線電化、いわんや鹿児島本線電化は遠い先という状況だった。

　「昭和33年夏頃と記憶していますが、鹿児島本線の近代化を要望する地元の九州電力・八幡製鉄所などの沿線諸会社が利用債を引き受ける話を西部支社長が持ってきたのです。電気局にとっては『渡りに船』で、鹿児島本線の門司港－久留米間の交流電化が実現の運びとなりました。少し遅れて山陽本線小郡（現在の新山口）－下関間電化の利用債を地元が引き受ける話を広島鉄道管理局が持ってきました、こちらは先ほどのお話の通り直流電化ですが、こうして山陽・鹿児島本線小郡－久留米間の電化が決定したのです」と、齋藤氏は経緯を語った。ここに小郡－下関間と鹿児島本線を一足先に電化する方針が決定、国鉄史上最大の飛地電化が誕生することになった（と書くと、飯田線豊橋－辰野間を忘れるなとの指摘が出るだろうが……）のである。

鹿児島本線のキハ44100　所蔵：福原俊一

Column
常磐線交流電化と柿岡地磁気観測所

　地磁気観測所は地球の磁場（地磁気）の状態や変化を長期間にわたって定常的に観測する機関で、日本では明治30年から東京・九段で本格的観測がはじめられた。当初は東京市電の地磁気擾乱をさけるため観測所付近の路線敷設は規制されていたが、明治45年に東京市電気局から市電網拡張のため観測所移転が要請された。地磁気観測所移転にあたっては将来も電車（電気機関車）が通りそうもない場所がよいということで千葉・茂原や茨城・柿岡付近が候補地にあげられ、物理学者の寺田寅彦博士をはじめとする関係者が現地を調査した。その結果柿岡が選定され、観測室や事務室を建設して大正2年から地磁気観測が開始された。

　昭和24年に取手まで電化された常磐線の電化延伸が計画され、地磁気擾乱対策協議会が28年に設置された。地磁気擾乱試験と理論計算を比較検討した地磁気擾乱対策協議会は31年2月に、直流電化では地磁気観測所の地磁気擾乱を観測業務に支障のない限度（限界の許容値0.3γ）以下とするのは不可能との結論に到達した。レールから大地へ漏洩する電流によって地磁気が擾乱し、観測所の業務に影響を与えないよう漏洩電流を一定値（40A）以下とするためにはレール（帰線）と大地を絶縁するか帰線専用のレールを新設する必要があり事実上不可能だったからである。一方、30年から試験運転がスタートした交流電化ならば漏洩電流が小さいこと、観測所の測定機器も交流に対しては感度が低いことから可能との結論が出されていた。

　こうして常磐線は交流電化されることになったが、この検討を機に地磁気観測所の法的保護が見直され、電気設備に関する技術基準を定める省令で「直流の電車線路及び帰線は、地球磁気観測所・地球電気観測所に対して観測上の障害を及ぼさないように施設しなければならない」と40年に規定された。科学万博開催を控えた50年代に国鉄部内で藤代－土浦間直流電化の可能性が技術的に検討されたが、変電所間隔を短くしても擾乱を許容値以下とすることは不可能で、直流化は適当でないとの結論が得られた。その後平成17年に秋葉原－つくば間が開業した首都圏新都市鉄道（つくばエクスプレス）も守谷以北は交流電化が採用され、現在にいたっている。

　将来も電車が通りそうもない場所として柿岡を選定した寺田寅彦博士も、電化が急速に伸展し、全国に電車列車が駆け抜ける時代が来るとは夢にも思わなかったろう。ちなみに寺田博士の娘婿は鉄道電化とりわけ交流電化を推進した立役者として知られ、後年に国鉄常務理事などを歴任した関四郎氏というのも何かの因縁であろう。

柿岡地磁気観測所
提供：気象庁地磁気観測所

4 鹿児島本線用交流電車 クモヤ791の試作

交直流電車に続き昭和33年度の重要技術課題で3種類の交流電車が試作され、その筆頭として鹿児島本線のように輸送密度の高い区間での使用を考慮した直接式が試作された。仙山線での交流機関車試験では間接式が良好な成績を収めたが、一方の直接式つまり交流整流子電動機は

① 整流器が不要なので回路が簡単になり、通信誘導障害も少ないこと
② 交流整流子電動機は高速性能に優れていること
③ 機関車ほど大出力を必要としないので、極数・ブラシ数が少なく保守面で有利なこと

などの特長があり、交流機関車では弱点だった起動負荷も中距離用電車では大きな問題とならず、電車には適していると考えられ交流電車の本命方式として試用された。当時の諸外国でも60Hzの交流整流子電動機は実用化されていなかったことから各社の競作とし、

表4 クモヤ791 主要諸元

	クモヤ791 (旧番号：モヤ94000)
電気方式	交流 20000 V (60Hz)
最高運転速度 (km/h)	95
定員 (座席)	108 (66)
自重 (t)	45.2
主電動機 (1時間定格出力)	東芝：110kW 日立：110kW 川重：146kW 三菱：150kW 東洋：150kW 富士：150kW
製造年度	昭和33年度
記事	クモヤ791 改番：昭和34年度 廃車：昭和55年度

6種類の主電動機が試作された。表4のように主電動機の出力はメーカーにより異なるが、110kWはMT編成、150kW級はMTT編成を考慮したものであった。

車体は490系と異なり新製で、前頭部はいわゆる東海形スタイルの貫通形状が継承された。形式は試験車を意味する「ヤ」のモヤ94000がおこされたが、34年6月の形式称号改正に伴いクモヤ791に改番された。将来の営業運転を考慮して2扉セミクロスの座席配置とし、定員108名と定められた。この定員は正式なものではないと当時の資料には記されているが、原則として定員（荷重）のない事業用車両としては異色の存在となった。

この交流電車は図5のようにモハ51を改造する案で当初は計画された。この経緯を車両設計事務所旅客車グループ次長として新形式車の設計開発に携わった星晃氏にお聞きしたところ記憶にないとのこと、当初から新製で計画されたよう

図4 屋上機器配置図 (クモヤ491)

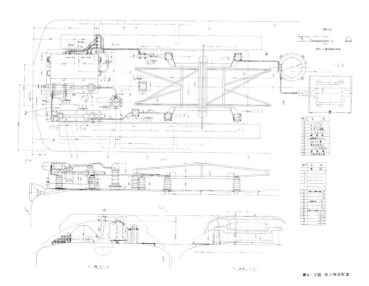

図5　直接式交流電車形式図案　　所蔵：福原俊一　提供：星晃

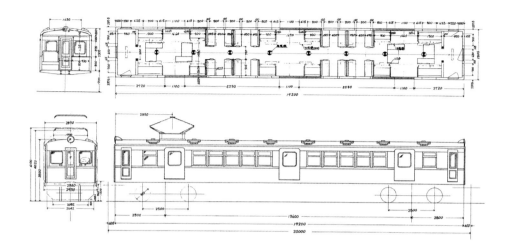

図6　形式図（クモヤ791）　　出典：試作直接式交流電車説明書

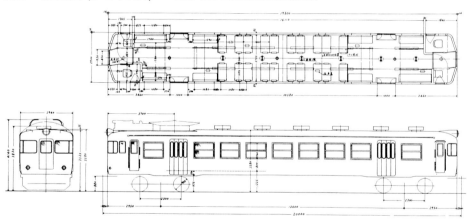

に思いますがと語ってくれたが、モハ51900と仮称された幻の案はさておき、試作車ではステップ付のため（台枠側ばりの補強が必要となるが、戸袋部の長さを小さくできる）折戸方式が採用された。また交流機器の絶縁距離を確保するためパンタグラフ取付部のみ低屋根とする設計が初めて試用された。

「当時は全体を低屋根とした構造が当たり前だったのですが、クモヤ791では部分低屋根方式を試みたのです。客室内に圧迫感がでなかったので、後の401・421系などにも採用しました」と、星氏は当時を語った。台車は東海形と同様に空気ばねが使用され、主回路システムは主変圧器に設けたタップを切り替

暖房車を死重に連結して性能試験を行なうモヤ94000　敦賀　昭和34年4月13日　写真：星　晃

えて電圧制御するタップ制御方式で、(490系のように機器を2両に分散配置できず)床下ぎ装がいっぱいになったことから便所設備は省略された。

　交流機関車の赤色は、国鉄車両設計事務所OBで鉄道愛好家の黒岩保美氏が「交流電化は従来と異なる高電圧で車両の取扱いも異なり、職員の安全対策のために警戒的な効果から赤色に決定された」と鉄道愛好家向け雑誌に寄稿しているが、クモヤ791は交流機関車と同様に赤2号を基調とし、試験車を意味する幕板部の帯と前頭部の警戒色帯はクリーム4号の塗分けとした。鹿児島本線用交流電車の本命方式として期待されたクモヤ791は34年3月に落成、当時は唯一の60Hz交流区間だった敦賀第二機関区に配置され北陸本線で性能試験が開始された。

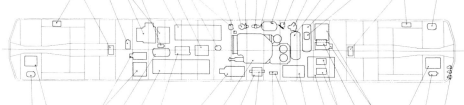

図7 台枠機器配置図（クモヤ791）　出典：試作直接式交流電車説明書

5 簡易式交流専用電車クモヤ790の試作

交流電化調査委員会では支線区も交流電化が有利と答申したが、支線区用として誘導電動機を用いた交流電車が試作された。3相誘導電動機を用いた交流電気車両は古くから諸外国で試みられていたが、単相を3相に変換する装置が複雑で実用化にはいたらないでいた。この試作電車はディーゼル動車のエンジンを単相誘導電動機に置き換えたような構造で、下記のように20000Vを主変圧器で降圧して電動機を定速回転し、速度制御に液体変速機または電磁歯車を用いた独創的ともいえる方式で、構造が簡単で安価なことから支線区用の方式として期待された。

・クモヤ790-1

トルコン式と呼ばれた液体変速機式の改造車で、前面窓は101系と同様な連続窓とし隅部にも窓が新設された。隅部の窓は遊び心で新設したと星氏は少しいたずらっぽく笑いながら語ったが、将来の営業運転を考慮して側出入口は台枠の側ばりを切ってステップが新設された。逆転機を新設した電動台車はDT11H(Hydraulic：液体式)と呼称され、パンタグラフは最高速度を考慮して構造の簡単なビューゲル(形式はPS900と称する)が試用された。動力伝達は誘導電動機・液体変速機に直結された推進軸を経て動軸(第3軸)を駆する方式で、起動停止は気動車と異なりクラッチを使用せず、液体変速機内の油を出し入れして油圧を制御する方式が採用された。

・クモヤ790-11

コタール式と呼ばれた電磁歯車式の改造車で、前頭形状はクモヤ790-1と異なり隅部窓のないオーソドックスなスタイルとしたが、側出入口にはステップが新設された。パンタグラフは一般的な菱形が使用され、電動台車はDT11M(変速は機械的(Mechanical)な方式に由来)と呼称された。動力伝達は誘導電動機・液体継手・磁星変速機に直結された推進軸を経て動軸を駆する方式で、誘導電動機などは防振ゴムを介して取付けられた。コタールギヤと呼ばれる磁星変速機は、戦前の満鉄気動車などで実績のある遊星歯車機構(太陽歯車を中心に複数の遊星〈惑星〉歯車で構成する機構)が用いられた。

当初はモハ11900(液体変速式)・モハ11950(電磁歯車式)の番号で計画されたが、改造時期が形式称号改正と重なった関係で新形式のクモヤ790がおこされた。クモヤ791同様赤2号を基調にクリーム色4号の塗分けで作並機関区に配置され、34年8月から仙山

図8 概略図(クモヤ790) 出典:電車誌1959年2月号

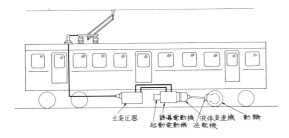

主変圧器　誘導電動機　液体変速機　動輪
　　　　　起動電動機　逆転機

表5 クモヤ790 主要諸元

		クモヤ790-1 (改造種車:モハ11)	クヤ790-11 (改造種車:モハ11)
電気方式		交流 20000 V　(50Hz)	
最高運転速度 (km/h)		70	100
自重 (t)		37.0	41.0
主電動機	連続定格出力 (kW)	130	134
	電圧	単相交流 400V	単相交流 400V
	製作会社	日立製作所	三菱電機
速度制御装置	方式	液体変速式	電磁歯車式
	製作会社	振興造機	新三菱重工
電気ブレーキ		回生抑速ブレーキ	
改造年度		昭和34年度	
記事		廃車:昭和41年度	廃車:昭和40年度

クモヤ790-1　昭和34年6月　写真：星　晃

図9　台枠機器配置図（クモヤ790-1）　出典：試作液体変速機式交流電車説明書

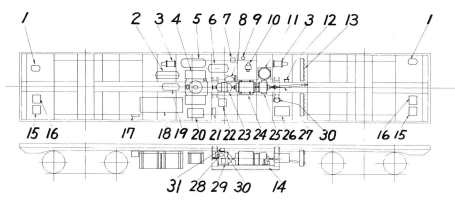

クモヤ790-1主電動機　写真：星　晃

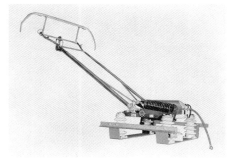

クモヤ790-1のビューゲル　写真：星　晃

図10 形式図（クモヤ790-1） 出典：試作液体変速機式交流電車説明書

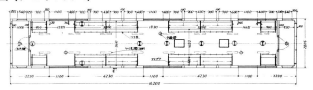

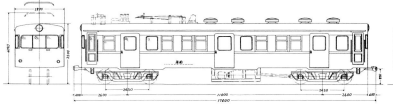

クモヤ790-1
正面にある小窓
写真：星　晃

クモヤ790-1主電動機
写真左下が起動電動機、中央が主電動機（誘導電動機）、その右奥が液体変速機。写真左の筒状のものは蓄圧タンク。
所蔵：福原俊一

図11 動力伝達装置（クモヤ790-1）
出典：試作液体変速機式交流電車説明書

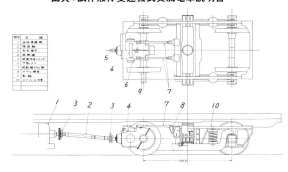

図12　屋上機器配置図（クモヤ790-1）　出典：試作液体変速機式交流電車説明書

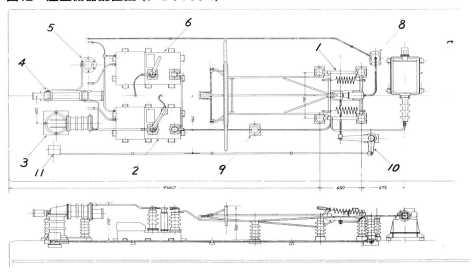

クモヤ790-11　写真：星　晃

図13　形式図（クモヤ790-11）　　出典：試作電磁歯車式交流電車説明書

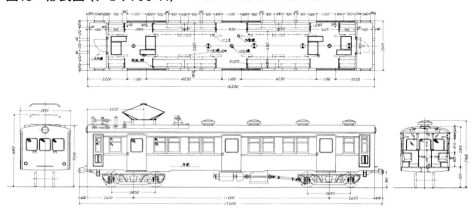

図14　台枠機器配置図（クモヤ790-11）　　出典：試作電磁歯車式交流電車説明書

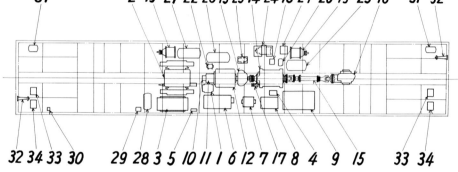

クモヤ790-11床下　写真右側から磁星変速機（コタールギヤ）、液体継手、主電動機（誘導電動機）、の順に配置されている。写真左奥は主変圧器。　　写真：星　晃

線で性能試験が開始されたが、性能面では所期の結果が得られなかった。

「液体変速機式のトルコン車は起動回転力にバラつきがあって空転が発生し、正直言ってモノにならないと思いました」と山本氏は思い出を語った。一方のコタール車はスムースに起動し回生ブレーキも動作したが、電磁力で遊星歯車を制御する機構にトラブルが多発した。修繕時に山本氏は負傷したことがあったが、試験中のコタール車に悪影響が出ないよう公傷とせずに出勤したこともあったと補足した。

クモヤ790は主電動機出力が比較的小さ

図15 屋上機器配置図（クモヤ790-11）　出典：試作電磁歯車式交流電車説明書

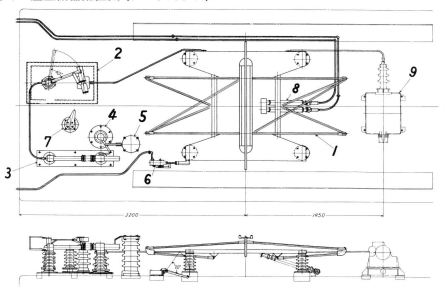

図16 動力伝達装置（クモヤ790-11）　出典：試作電磁歯車式交流電車説明書

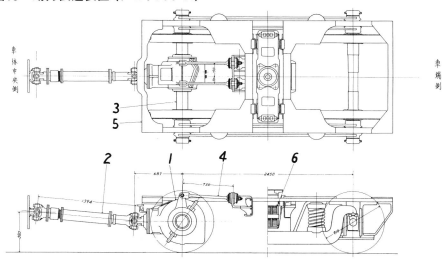

く、試験結果も所期の性能が得られなかったことから、改造から6年を経ずに廃車された。この方式は車両設計事務所で電気車両の設計に携わった入江則公氏（後に入江工研社長を歴任）のアイデアといわれているが、実現しなかった誘導電動機は半導体技術の進歩により四半世紀の星霜を経てVVVFインバーター制御車で結実したのである。

02 401・421系 交直流電車の誕生

1 常磐・鹿児島本線の電車運転

　常磐線と鹿児島本線の電化は、取手－水戸間と門司港－久留米間が昭和35年度完成を目指して工事がスタートした。東京近郊区間あるいは北九州都市間などでフリークエントな高速運転が旅客サービス上不可欠なことから、両線区とも電車運転が要望された。常磐線は通勤電車的性格から車体構造は70系スカ形のような3扉セミクロス車とし、編成は8両を基本（一部12両）とする案が営業・運転サイドから要望された。取手－水戸間の運転を考慮してステップ付とする案も検討されたが、取手以南のいわゆるゲタ電区間救済のため（当時の客車列車では通過していた）電

401系試運転　取手　昭和36年2月1日　写真：五十嵐六郎

誕生間もない401系　昭和35年7月　所蔵：福原俊一

車専用ホームの北千住停車、さらに将来は東海道本線平塚付近までの乗入れも要望されたことからステップは設けず、新たに交流電化される区間の列車ホームが扛上されることになった。常磐線に投入される交直流両用電車は101系や東海形と同じ制御装置や主電動機に変圧器・整流器などの交流電気機器を付加した構造となるが、肝心の整流器は490系で試用開始間もないシリコン整流器が採用された。
「多少の不安はあったのですが、量産の交直流両用電車では迷うことなくシリコン整流器の採用に踏み切りました。素子が日進月歩で伸展をとげていた時代でしたから」と寺戸氏は語った、シリコン整流器が長足の進歩をとげていた時代だったのである。

一方の鹿児島本線は九州島内の交流電車と山陽本線直通の交直流電車を分離した運用が想定された。図17は西部支社が当初作成した電車運用計画だが、主力となる交流電車は直

関門トンネルを出る421系　下関－門司　昭和36年6月　写真：星　晃

39

図17　山陽・鹿児島本線電車運用案　出典：北九州向交直両用電車の設計について

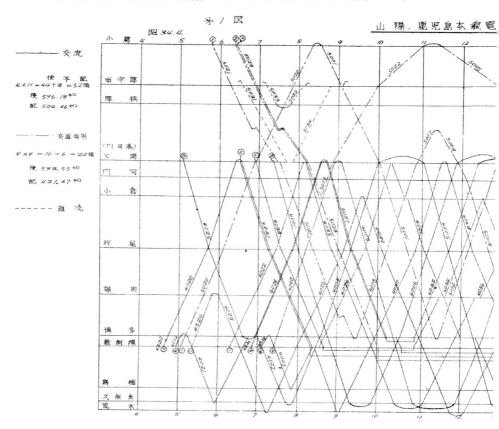

接式の投入で計画されていた。直接式交流電車は、北陸本線で暖房車を死重に連結した性能試験では所期の結果が得られたが、主電動機のブラシ摩耗など保守面に多大な手間がかかるうえに消費電力量も多い、つまり動力費・保守費などの年間経費が交直流電車よりも大きいことが分かった。東海形スタイルで人気のあったクモヤ791直接式交流電車の量産車は幻に終わり、山陽・鹿児島本線の電車運転は、予備車も節減でき車両運用面で効率化できるメリットのある交直流電車の共通運用とする方針が決定されたのである。

鹿児島本線用の交直流電車は図18（P42）のようにステップ付でする案も検討されたが、常磐線と同様に交流電化される区間の列車ホームが扛上されることになった。

「ホーム高さを在来のままにして電車をステップ付としては、乗降時分がかかってしまい、電車化のメリットが減殺されてしまいます。ホーム扛上と併せて、建設規程制定以前にできた駅舎やホームを新しい建築限界に改修しました。電車の編成は4両ユニットとして、適宜8・12両と増結できるように考えました」と、齋藤氏は当時の経緯を語った。

こうして常磐・鹿児島本線用交直流電車は、シリコン整流器を搭載した3扉セミクロス車

車運用表（案）　　　　　　　　　　　　西部支部

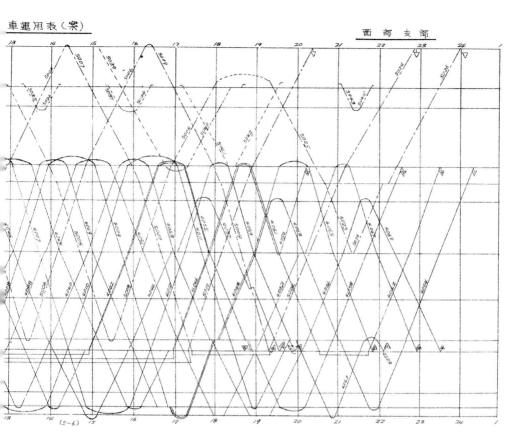

421系運転開始　枝光
昭和37年2月28日
写真：小川峯生

図18 北九州交直流電動車案 出典：北九州向交直両用電車の設計について

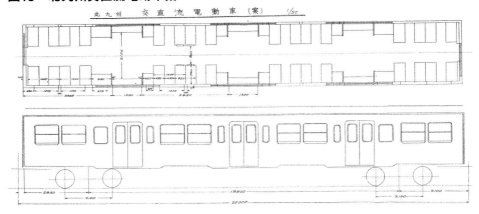

が投入されることになった。両線区とも36年6月に電化開業の運びとなり、練習運転などを考慮して35年度に量産先行試作車4両4編成が投入され、新形式の近郊形交直流電車401系が35年8月に、421系が35年12月に誕生した。

クハ401形正面　提供：日本車輌

表6　401系・421系 主要諸元

電気方式	
最高運転速度（km/h）	
定員（座席）	
自重（t）	
車体	構体
	連結面間長さ（mm）
	車体幅（mm）
	屋根高さ（mm）
	床面高さ（mm）
	パンタ折り畳み高さ（mm）
	座席配置
	出入口幅（mm）×数
	主な車体設備
空調装置	方式（形式）
	容量（kcal/h×数）
台車	方式
	形式
	歯数比
制御方式	
電動車1組の性能（直流区間）	1時間定格出力（kW）
	1時間定格速度（km/h）
	1時間定格引張力（kg）
交直切換方式	
主電動機	方式
	最弱め界磁率（%）
	駆動方式
	形式
パンタグラフ	枠組み
	形式
主制御器	方式
	形式
主抵抗器	方式
	形式
主変圧器	方式
	形式
主整流器	方式
	形式
補助電源装置	方式
	出力（種別・電圧）
	出力（kVA）
	形式
電動空気圧縮機	方式
	形式
ブレーキ方式	
記事	

パンタグラフ折畳高さのカッコはモハ400-12・モハ420-15以降

2 401・421系の概要と性能

401・421系は、101系の主回路システムを基本に主変圧器・シリコン整流器など交流機器を搭載した整流器式電車で、交直流電車のパイオニアとなった系列である。また車体設備は70系スカ形を近代化させたような3扉セミクロスシートの座席配置とし、後の近郊形電車のパイオニアとなった系列でもある。編成は図20（P44）の4両ユニットを組み合わせた4・8・12両とし、分割併合運転を行なうため前頭部は東海形スタイルの貫通形状が採用されている。

新性能電車の形式番号は3桁とすることなどを骨子とした電車関係の車両称号規程改正が昭和34年6月に施行された。百位の数字は直流・交直流など電気方式としての意味を持たせ、十位の数字は（この時点では条文化されていなかったが）0〜4：近距離形、5〜8：中長距離形と定められた。交直流電車は周波数の違いで十位の数字を分ける考えがあり、50Hzの常磐線用が401系、60Hzの鹿児島本線用は421系がおこされた。411系（431系）が飛んでいるのは、近い将来に2扉ローカル電車の誕生を想定していたためだった。もちろんこの時点で具体的な投入線区などの計画があったわけではないが、417系のよう

モハ401	モハ400	クハ401	モハ421	モハ420	クハ421
直流1500V・交流20000V（50Hz）			直流1500V・交流20000V（60Hz）		
100			100		
128（76）	128（76）	116（64）	128（76）	128（76）	116（64）
37.5	41.9	29.3	37.5	41.9	29.6
鋼製			鋼製		
20000			20000		
2900			2900		
3654			3654		
1225			1225		
4241（4161）			4241（4161）		
セミクロスシート			セミクロスシート		
1300 両開×3			1300 両開×3		
		和式便所			和式便所
なし			なし		
—			—		
	コイルばね			コイルばね	
DT21B		TR64（TR62）	DT21B		TR64（TR62）
17:82＝4.82		—	17:82＝4.82		—
直並列抵抗制御・弱界磁励磁			直並列抵抗制御・弱界磁励磁		
775			775		
59.5			59.5		
4800			4800		
車上切換（一斉惰行順次力行）方式			車上切換（一斉惰行順次力行）方式		
直流直巻			直流直巻		
40			40		
中空軸平行カルダン			中空軸平行カルダン		
MT46B			MT46B		
	菱形（アルミ）			菱形（アルミ）	
	PS16B			PS16B	
電動カム軸式			電動カム軸式		
CS12B			CS12B		
強制風冷式			強制風冷式		
MR16A（MR61）			MR16A（MR61）		
	送油風冷式			送油風冷式	
	TM2			TM3	
	単相ブリッジ式			単相ブリッジ式	
	RS1・RS2（RS23）			RS3・RS4	
MG			MG		
交流100V			交流100V		
20			20		
MH97-DM61			MH97-DM61		
		V形2シリンダ			V形2シリンダ
		MH80A-C1000			MH80A-C1000
発電ブレーキ併用電磁直通ブレーキ			発電ブレーキ併用電磁直通ブレーキ		

台車・電気機器形式のカッコは40年度民有車両以降

図19 運転室見付図　出典：近郊形電車車体図面

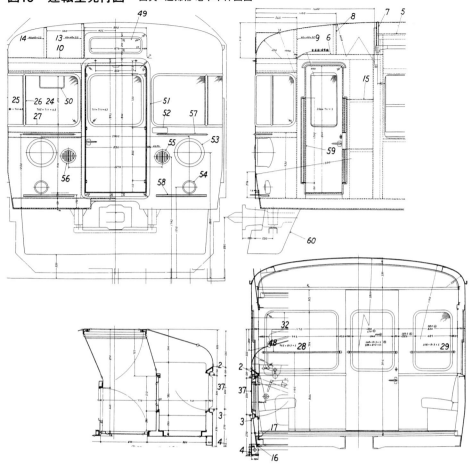

図20 401系編成図

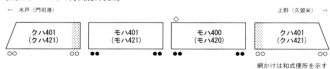

網かけは和式便所を示す

な車体構造の車両が将来誕生するであろうことを考慮してという意味である。

　401・421系のTc車は基本的に同一構造だがクハ401・421の別形式がおこされた。後の451・471系などでは付随車は451系で共通使用されたが、401・421系では4両ユニットだったことから別形式にしたと、工作局車両課で新形式車の車両計画立案に携わった久保田博

図21　形式図（モハ400）　　出典：401系説明書

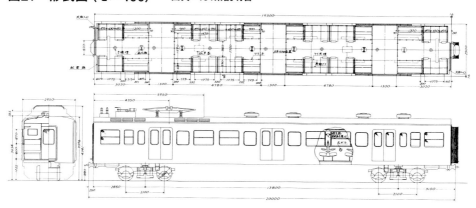

図22　形式図（クハ401）　　出典：401系説明書

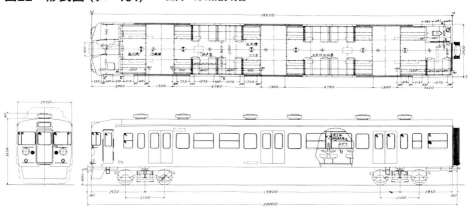

氏は説明した。現在のJR電車は固定編成が基本だが、国鉄時代の電車は1両ごとに検査・修繕するのが当たり前で、編成替えを行なわない固定編成の401・421系は稀有な存在だったのである。

また交流電気車両の外部色は前述のように赤を基調としていたが、401・421系では交直流車両の先輩格ED46試作機関車で試みられた小豆色（赤13号）の外部色が採用され、401系は前頭部にクリーム色1号、421系は側裾部にクリーム色2号の帯が入れられた。

「ED46の外部色は、交流電気機関車の赤と従来の直流電気機関車の茶色をミックスした小豆色にしてみたのですが、これが好評だったので交直流電車の標準色にしようということになり、401・421系にも採用したのです」と、外部色選定の経緯を星氏は語った。ところで赤13号の誕生当時はセクシーピンクの異名をとった。

「401・421系が誕生した当時、口紅のコマーシャルで『セクシーピンク』という流行語が生まれていました。臨時車両設計事務所の卯之木十三技師がこれをまねて、赤13号をセクシーピンクとネーミングされたのです」

と、臨時車両設計事務所で新幹線電車の台車設計などに携わった島隆氏は当時の事情を説明した。

3 新製時の概要

（1）構体は軽量形鋼を溶接で組み立てたナハ10以来のモノコック軽量構造を踏襲し、車体断面形状は153系と同様に最大幅2900mmとして客室スペースを広くとり、第1種縮小限界に抵触しないよう車体側裾を絞った形状とした。電動車の妻面には主電動機冷却風取入口を設け、Tc車前頭部にはスカート（台ワク下部覆い）を取付けた。

（2）側窓は101系と同様2段上昇窓とし、側出入口は1300mm両開扉を3箇所に設置した。座席配置はセミクロスとし、70系スカ形同様ロングシート部に吊手を設けた。客室内の内張板はメラミンプラスチック板を使用し、室内色は当時の通勤・近郊形電車の標準だった淡緑を基調に、腰掛モケットは青14号を使用した。

（3）屋根上には煙突形通風器をロングシート部に取付け、扇風機が取付けられないM'車低屋根部には有圧軸送風機（いわゆるファンデリア）を取付けた。便所はTc車に設け、東海形で現車試験を実施した粉砕式汚物処理装置を取付けた。

（4）台車は101系で実績のあるコイルばね台車とし、付随車用台車はDT21Bを基本に設計変更したTR64とした。価格面から東海形などのディスクブレーキを使用せず踏面ブレーキとした。主回路システムは101系で実績のある機器を採用したが、主電動機などは脈流対策（交流成分を含んだ直流電流）を施した。

（5）台枠機器配置は図24〜26の通りで、M車は主制御器などの主回路機器を、M'車は490系電源車と同様に主変圧器などの交流電気機器を、Tc車にはCPなどを配置した。またM'車のパンタグラフ取付位置が中央に寄ったため、台車中心距離が13800mm（東

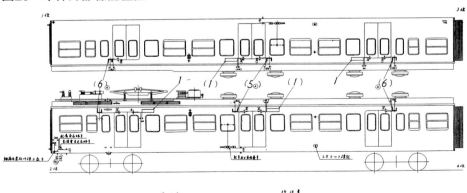

図23　車体外部標記位置　　出典：近郊形電車車体図面

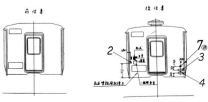

モハ421形（1・3位側）　昭和61年5月1日　写真：福原俊一

図24　台枠機器配置図（モハ401,モハ421）　　出典：電車要目表

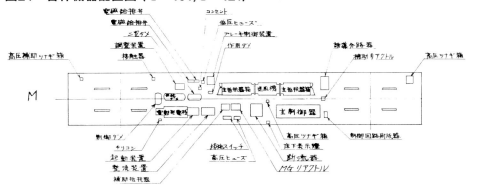

モハ401形（2・4位側）　昭和36年5月　写真：日本車輌

モハ400形（1・3位側）　昭和59年9月15日　写真：福原俊一

図25　台枠機器配置図（モハ400,モハ420）　出典：電車要目表

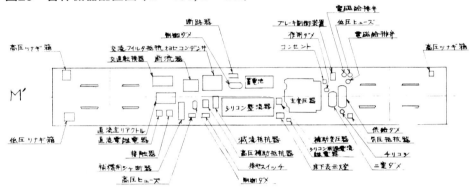

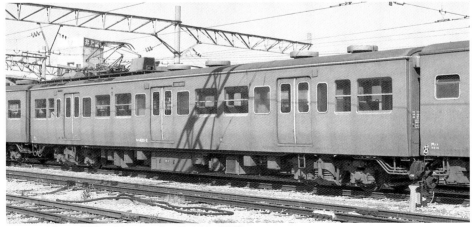

モハ420形（2・4位側）　昭和49年10月23日　写真：福原俊一

クハ401形（1・3位側） 昭和37年10月7日 写真：豊永泰太郎

図26 台枠機器配置図（クハ401、クハ421） 出典：電車要目表

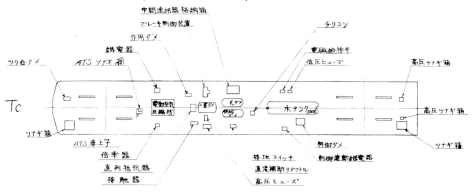

クハ421形（2・4位側） 昭和37年6月5日 写真：豊永泰太郎

図27 屋上機器配置図　出典：401系説明書

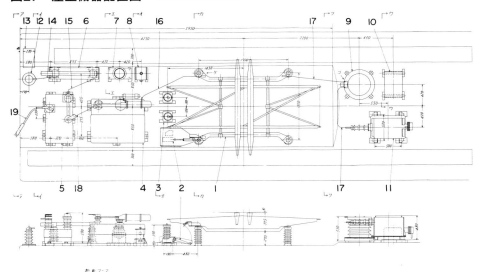

モハ400屋根上
所蔵：福原俊一

401系室内
提供：日本車輌

クハ401室内　所蔵：福原俊一

Column
シリコン整流器の量産と標準化

　401・421系が誕生した当時はシリコン整流器が日進月歩で伸展をとげ、半年経ったら石の数が減るといわれていた。シリコン整流器の心臓部であるシリコンの単結晶の種類や製法は各社で異なっていたことから、取付寸法のみを統一して装置としての互換を持たせるようにした。国鉄の車両は特定のメーカー1社が設計・製作することは少なく、国鉄のリーダーシップのもとに関係メーカーが共同で設計する方式が一般的であった。国鉄の技術陣は、複数メーカーとの共同設計を経て国鉄標準の統一図面をおこすことで各メーカーの技術力向上を図り、ひいては車両工業をはじめとした日本の産業を発展・育成する使命を担っていたが、変圧器や整流器のようにメーカーで製法が異なる電気機器は標準仕様書で統一し、機器単位で互換可能とする方式で設計・製作された。

　シリコン整流器は営業運転開始当初に素子の破損などの初期トラブルが発生した。RS2とRS4に多く発生したが、幸いなことにRS1とRS3は比較的故障が少なく、401・421系双方とも営業運転に大きな影響を与えずに済んだと当時を知る関係者は語ったが各種の対策により安定し、両系列の営業運転開始から1年後に誕生する451・471系急行形交直流電車のシリコン整流器は、RS5とRS7が使用されたのである。

RS1（日立製シリコン整流器）　所蔵：福原俊一

表7　量産初期のシリコン整流器

国鉄形式	RS 1	RS 2	RS 3	RS 4	―	―	RS 5	RS 7
製作会社	日立	東芝	富士	三菱	三菱	日立	日立	富士
定格容量（kW）	810	810	810	810	450	2430	810	810
定格電圧（V）	1350	1350	1350	1350	1500	750	1350	1350
定格電流（A）	600	600	600	600	300	3240	600	600
素子数	80	64	48	80	60	240	80	48
使用車両	401系	401系	421系	421系	EF30量産	EF70	451系	471系
使用車両数	17	6	11	9	16	21	80	48
製作初年度	昭和35年度	同　左	同　左	同　左	昭和36年度	同　左	昭和37年度	同　左

海形は14000mm）とした。
（6）Tc車は奇数偶数向き双方使用可能とし、前頭部貫通扉上部には巻取式行先表示器を取付けた。運転室奥行きは東海形と異なり、運転士側・助士側とも同一とし、窓配置も両側対称とした。
（7）落成時期が遅かった421系先行試作車については、空気しゃ断器の取扱い改善のため磁気保持継電器を追加したほか、中間連結器格納箱をTc車床下に追設した。

TM2変圧器　所蔵：福原俊一

◇

　401系の性能選定にあたり歯数比が検討された。常磐線上野－水戸間の平均駅間6.2km、平均速度67.0km/hの場合、101系の5.60と東海形の4.21の中間の4.82が消費電力量や力行率（運転時分に対する力行時分の割合）などで適当であるとの結論が得られ、一方の鹿児島本線も平均駅間距離が短いことなどを除けばほぼ同様な性能が要求されたことから421系も401系と同一の歯数比が選定された。

　変圧器は電磁誘導を利用して交流電圧を変圧する電気機器で、車両用主変圧器は「交流電気車で電車線電圧を降圧して主電動機に供給することを主目的とする変圧器」とJIS規格に定義され、国鉄交直流電車では主整流器などと組み合わせて使用される。主変圧器（Main Transformer）の形式記号は昭和34年度に「TM」と制定された。語源からいえば「MT」だが、すでに主電動機の形式記号で使用されていたため、「TM」となり、これと同様な意味合いから補機などに電源を供給する補助変圧器（Auxiliary Transformer）も「TA」と制定された。なおMTの本家である主電動機の形式記号は「Traction Motor」に由来し、本来ならこちらが「TM」なのである。

4　401・421系の性能試験と最初の営業運転

　401系は昭和35年8月に落成、当初は宇都宮機関区に配置され東北本線宇都宮－白河間で運転試験が実施された。10月に電化工事の完成した常磐線に転じて取手－神立間で地磁気擾乱試験や性能試験が実施された。35年度年末年始輸送期間中は試験がなく「遊休状態」だった401系を営業運転に使用する計画が持ち上がり、12月29日から1月5日まで（1月1・2日を除く）上野－福島間の臨時準急として下記の時刻で運転された。準急「あぶくま」の救済列車の性格をもつが、当時の臨時列車のご多聞にもれず時刻表には掲載されなかった。営業運転開始に先立ち12月23日に福島（奥羽本線庭坂）まで試運転実施予定と当時の部内誌に記述されているように、営業運転が急きょ決定された舞台裏がうかがえるが、予定通り庭坂まで乗入れたとしたら401系が奥羽本線で運転された唯一の機会ということになろう、もちろん当時は直流電化区間の奥羽本線乗入れ時は福島駅構内中川信号所で交直地上切換の取扱いだった。

　当初は2編成8両で運転されたが、交流機器の故障が発生したため途中から4両編成で運

下り（3109T）上野　7:15　→　福島 12:03　　　参考：準急「あぶくま」上野　7:30　→　福島 12:28
上り（3110T）上野 20:24　←　福島 15:40　　　　　　　　　　　　　　　　　上野 21:26　←　福島 16:20
（途中停車駅　赤羽・大宮・小山・宇都宮・矢板・西那須野・黒磯・白河・須賀川・郡山・本宮・二本松）

421系「電車試運転」 雑餉隈 所蔵:福原俊一

転された。また白河以北の停車駅ホームが低く、電車床面とホーム高さの差が約600mmあることから旅客乗降用の踏台を用意したと当時の部内誌に記されているが、この「遜色準急」は401・421系最初の営業運転列車となった。

一方、421系先行試作車は12月にロールアウト、北陸本線で公式試運転を実施して国鉄に引き渡された。川車製編成は35年末に開設間もない南福岡電車区に回着して電化工事の完成した雑餉隈（現在の南福岡）-久留米間で1月から訓練運転が、日立製編成は北陸本線米原-敦賀間で性能試験が実施された後、2月に南福岡電車区に回着、訓練運転に加わった。

「九州では初めての国電なので、鹿児島本線の試運転電車には『電車』と大書した前面サボを取付けてＰＲしました」は、当時を知る関係者の思い出である。大牟田線が「急行電車」と呼ばれたように福岡・北九州都市圏で「電車」といえば西日本鉄道を指し、鹿児島本線は「汽車」と呼ばれていたが、その鹿児島本線にセクシーピンクの421系が颯爽と運転を開始したのである。

福島行臨時準急 上野 昭和35年12月 写真:星 晃

5 401系の冒進試験

　401系先行試作車は、営業運転と並行して取手－藤代間に完成したばかりのデッドセクションで、交直車上切換試験と万一切換を失念したときの冒進保護装置の動作試験が実施された。交流電化区間は既存の直流電化区間との接続が課題になる。日仏交換研修生として昭和30年にSNCFを視察した澤野氏はアヌシー線で車上切換方式のデッドセクションに添乗したが、機関車の交流・直流用パンタグラフを通過時に上下させていた。
「切換を失念したらデッドセクション終端の架線から垂下したストッパーでパンタグラフを破損させるという方式で、運転密度の高い日本では実用できないと思いました」と思い出を語った。切換を失念した機関士は降格処分されたそうだが、余談はさておき北陸本線の交流電化が決まった当時は地上切換の技術的問題が解決されていなかったため、電化は米原から二駅青森寄りの田村から敦賀までの間とし、米原－田村間は蒸気機関車で中継するという方式が採用された。一方の仙山線では交直切換駅構内の一部を交直流双方の電源を切換える地上切換方式の試験が重ねられていた。
「地上切換方式は電車列車も無用な停車をすることになりますので、無停車で交直切換を行える車上切換方式を490系で試作しましたが、SNCFのような方式ではなく車上の切換スイッチを扱うのみで交直切換が完了する方式を採用しました。運転密度など輸送上の要請から生まれた日本独自の方式ですね」と寺戸氏は当時の経緯を語った。
　401・421系も490系の交直切換方式を踏襲したが、交流から直流に冒進した場合は、主変圧器1次側に

表8　401系第1次量産化改造

編成番号	番号				年月日	場区
K1	クハ401-1	モハ401-1	モハ400-1	クハ401-2	昭36.5.30	大井工
K2	クハ401-3	モハ401-2	モハ400-2	クハ401-4	昭36.5.30	大井工

デッドセクションと冒進試験　所蔵：福原俊一

設けた主回路ヒューズが溶断して保護し、直流から交流に冒進した場合は、直流避雷器の放電により交流冒進保護継電器が動作してABBを開放する方式が採用されていた。

「交流から直流への冒進は所期通り主ヒューズが溶断して信頼できることが確かめられたのですが、直流から交流への冒進試験では直流避雷器の過大放電電流、高圧補助回路のヒューズ溶断などがあり、直流避雷器の放電開始後の保護では直流回路への影響を避けられないので、直流電圧継電器の無電圧を検知してABBを開放する方式を完成させました。」と寺戸氏は語った。この方式は、MGなど直流電動機の残留回転力で発生する逆起電力により継電器の動作を遅らせることがないように逆流阻止用シリコン整流器も追加する必要があるが、保安度の高い方式として現在の交直流電車に継承されている。

「当初の取手－藤代間デッドセクション長は20mでしたが、直流電圧継電器によるABBの開放は0.6秒かかることが分かりました。これは95km/h運転では16mの走行距離にな

交流から直流への冒進試験　所蔵：福原俊一

り、100km/h以上の高速運転では余裕がないので、デッドセクションを延長してもらいました」と寺戸氏が語るように、38年に直流→交流セクションが45mに延伸され、さらに48年には直流→交流セクションが65mに、交流→直流セクションが26mに延伸されたのである。

401系先行試作車は冒進試験後も電化工事の完成した神立以北の試運転などに使用され、営業運転開始に先立って、第1次量産車との併結運転ができるよう冒進保護方式改良や磁気保持継電器追設などの第1次量産化改造が施行された。

図28　デッドセクション標識位置　出典：動力近代化のあゆみと成果

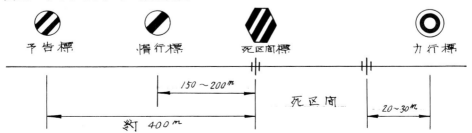

03 昭和36〜39年度の動き

1 増備車の設計変更（401・421系）

　401・421系は昭和35年度から40年度まで増備が続けられた。以下、鉄道愛好家の関心を惹くと思われる設計変更を述べてみたい。

・昭和35年度債務車

　第1次量産車で、先行試作車の試験実績に基づいて交流冒進保護に直流電圧継電器の無電圧を検知してABBを開放する方式を追加し、M車に逆流素子用シリコン整流器が追設された。また401系も磁気保持継電器が追加され、中間連結器格納箱がTc車床下に追設された。

・昭和36年度本予算車／
　36年度第1次債務車

　第2次量産車で、前頭デザインはクハ153形500番台と同様な高窓スタイルに改良された。先行試作車・第1次量産車の営業運転開始後に発生した初期トラブル対策として、製作工程上間に合うモハ420-15以降・36年度第1次債務車以降はパンタグラフ折畳み高さと低屋根部高さを80mm下げて安全性向上が図られたほか、後述する初期トラブル対策が施された。

・昭和37年度民有車両／
　37年度本予算追加車

　車体外部色を401・421系ともクリーム色4号に統一されたほか、クハ401前頭部の帯が廃止された。また架線電圧検知器が新製当初から取付けられた。

2 401・421系の営業運転開始

　401・421系は先行試作車16両に続いて35年度債務発注の第1次量産車が36年4〜5月に落成し、6月1日の取手－水戸間と門司港（小郡）－久留米間電化開業を迎えた。401系は車両落成時期の関係で当初は28両の暫定運用だったが、6月19日から11編成44両の運用となり、このうち朝夕の2往復は東京発着として通勤客の利便を図った。しかし12両で運転されていた通勤時間帯の客車列車の一部を401系8両に置替えたため座席数が減少した。当時の新聞記事によると座れなくなった通勤客からの苦情が相次ぎ、車掌が吊し上げられたという。予備車もないため上下2本の電車列車を（新聞記事によれば）6月26日から12両編成の客車列車に置替え、通勤時間帯の電車列車12両化に充当するというハプニングが残された。

　一方の421系は8編成32両の陣容で運用を開始、なかでも西部支社の意気込みを示すように博多発00分（小倉発05分）のラウンドタイムで設定された8往復の快速電車は小倉

401系第1次量産車　昭和36年5月　提供：日本車輛

表9　401（403）系製造予算

製造予算	両数	モハ401	モハ400	クハ401	モハ403	モハ402	記　事
34年度第2次債務	8	1・2	1・2	1～4			量産先行試作車
35年度債務	36	3～11	3～11	5～22			昭和36年6月ダイヤ改正　常磐線勝田電化用
36年度第1次債務	28	12～18	12～18	23～36			昭和37年4月ダイヤ改正　常磐線電車化・増発用
37年度民有車両	20	19～23	19～23	37～46			昭和37年10月ダイヤ改正　常磐線高萩電化用
40年度民有車両	8	24・25	24・25	47～50			昭和40年度　常磐線中電増強用
40年度第2次債務	16			51～58	1～4	1～4	昭和41年10月ダイヤ改正　常磐線電車化用
41年度本予算	60			59～88	5～19	5～19	昭和42年3月ダイヤ改正　水戸線電化・常磐線電車化用
43年度本予算	4			89・90	20	20	昭和43年度　常磐線中電増発用

表10　421（423）系製造予算

製造予算	両数	モハ421	モハ420	クハ421	サヤ420	モハ423	モハ422	記　事
35年度本予算	8	1・2	1・2	1～4				量産先行試作車
35年度債務	24	3～8	3～8	5～16				昭和36年6月ダイヤ改正　鹿児島本線久留米電化用
36年度本予算	40	9～18	9～18	17～36				昭和37年2月ダイヤ改正　鹿児島本線荒木電化・増発用
37年度本予算追加	8	19・20	19・20	37～40				昭和37年度　鹿児島本線増強用
38年度第3次債務	2				1・2			昭和39年10月ダイヤ改正　151系九州乗入れ用
38年度第4次債務	1				3			昭和39年10月ダイヤ改正　151系九州乗入れ用
39年度早期債務	4			41～42		1	1	昭和39年度　関門ローカル増発用
39年度第3次債務	36			43～60		2～10	2～10	昭和40年10月ダイヤ改正　鹿児島本線熊本電化用
40年度民有車両	9	21～23		61～66				昭和40年度　鹿児島本線増強用
40年度第2次民有車両	12			67～72		11～13	11～13	昭和40年度　鹿児島本線増強用
40年度第2次債務	20			73～82		14～18	14～18	昭和41年10月ダイヤ改正　日豊本線新田原電化用
41年度本予算	4			83～84		19	19	昭和41年度　鹿児島本線電車化用
41年度第2次債務	36			85～102		20～28	20～28	昭和42年10月ダイヤ改正　日豊本線幸崎電化用
42年度本予算追加	8			103～106		29・30	29・30	昭和42年度　鹿児島本線増発用

401系の高運転台車　佐貫　昭和40年2月28日　写真：小川峯生

－博多間を58分の俊足で結び、ディーゼル動車時代から約20分スピードアップされた。
「西部支社が当初作成した案では電車列車を各停列車に使用して、残存する客車列車は中間駅を通過とするダイヤだったのです。追い越しのない平行ダイヤにはなりますが、これでは電車化したメリットが発揮できないの

で、最初から快速電車を走らせようと考えました。支社長の同意も得られたので、折尾－博多間を無停車でランカーブを作成したところ、60分運転が可能となったのです」と齋藤氏は快速運転実現までの経緯を語った。電車運転計画時は4両の輸送力は過剰ではないかという意見もあったが俊足が人気を博し、

図29　車体外部塗装区分（クハ401）　　出典：近郊形電車車体図面

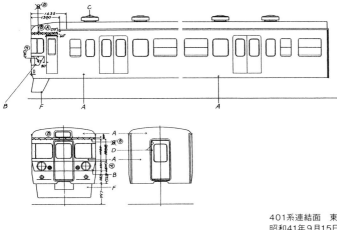

401系連結面　東京
昭和41年9月15日
写真：畑中省吾

図30 車体外部塗装区分（クハ421） 　出典：近郊形電車車体図面

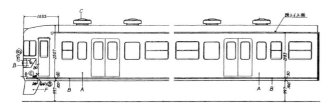
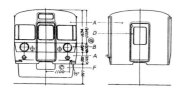

4両では輸送力が不足するという嬉しい悲鳴が出るまでの盛況を見せた。

3 昭和36年度の動きー
営業運転開始の初期トラブルと
第1次量産化改造工事

401・421系は昭和36年6月から営業運転を開始したが、当初はシリコン整流器など交流電気機器に初期トラブルが多発した。百万キロ当たり故障件数は表11（P66）のとおりで、421系の故障件数が多かったが、日車キロが高いことや1ユニット運転が多く機器の故障が直ちに運転不能になるためであった。

「421系ではオーバーロードによる故障が多く発生しました。小倉－博多間58分運転を

421系快速　昭和36年6月　写真：星　晃

図31　昭和36年6月19日改正401系運用　提供：國井浩一

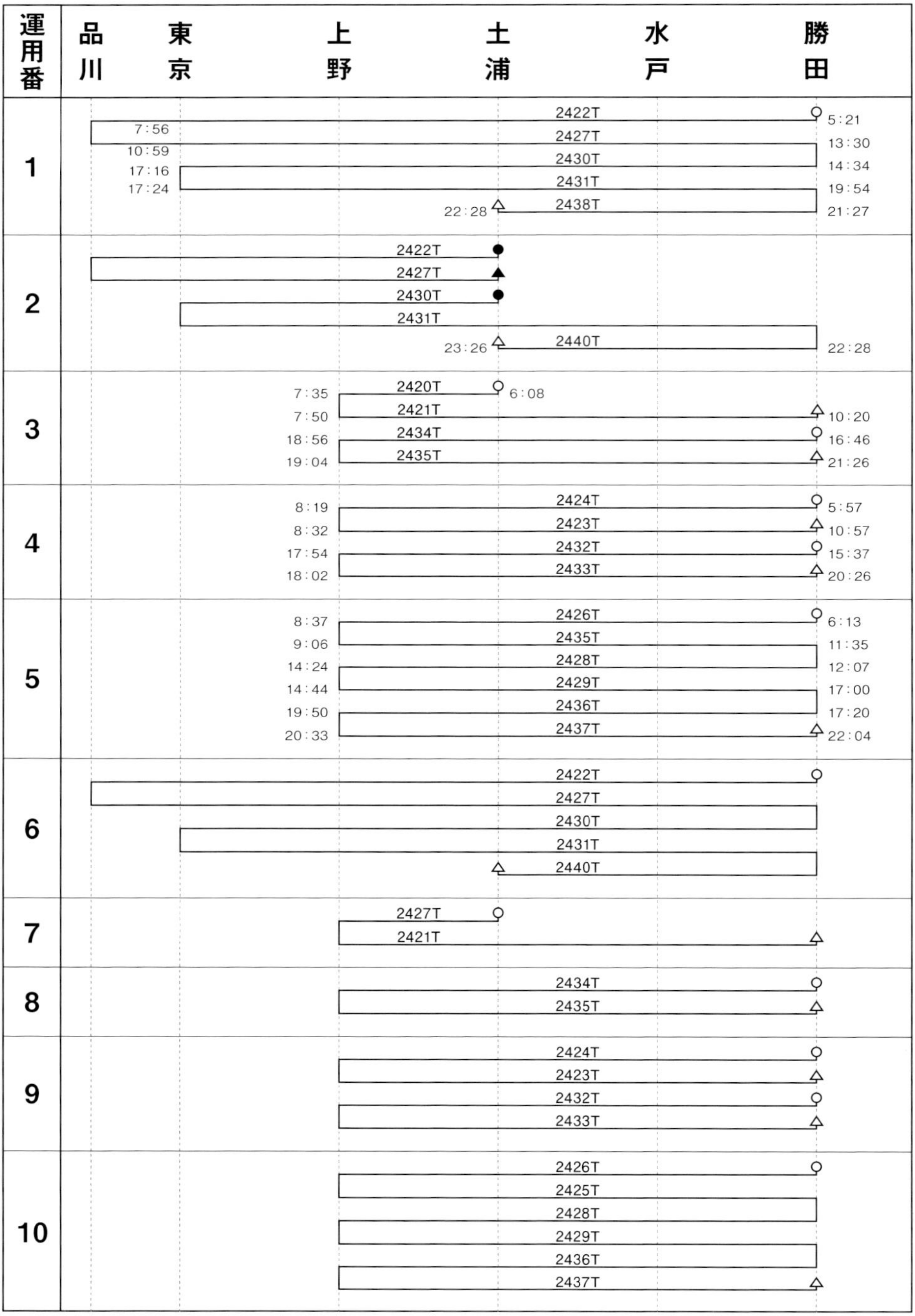

運用番号	品川	東京	上野	土浦	水戸	勝田
1		7:56 10:59 17:16 17:24		22:28 △	2422T 2427T 2430T 2431T 2438T	○ 5:21 13:30 14:34 19:54 21:27
2				23:26 △	2422T ● 2427T ▲ 2430T ● 2431T 2440T	22:28
3			7:35 7:50 18:56 19:04	2420T ○ 6:08 2421T 2434T 2435T		△ 10:20 ○ 16:46 △ 21:26
4			8:19 8:32 17:54 18:02	2424T 2423T 2432T 2433T		○ 5:57 △ 10:57 ○ 15:37 △ 20:26
5			8:37 9:06 14:24 14:44 19:50 20:33	2426T 2435T 2428T 2429T 2436T 2437T		○ 6:13 11:35 12:07 17:00 17:20 △ 22:04
6				△	2422T 2427T 2430T 2431T 2440T	○
7				2427T ○ 2421T		△
8				2434T 2435T		○ △
9				2424T 2423T 2432T 2433T		○ △ ○ △
10				2426T 2425T 2428T 2429T 2436T 2437T		○ △

図32　昭和36年10月1日改正401系運用　提供：國井浩一

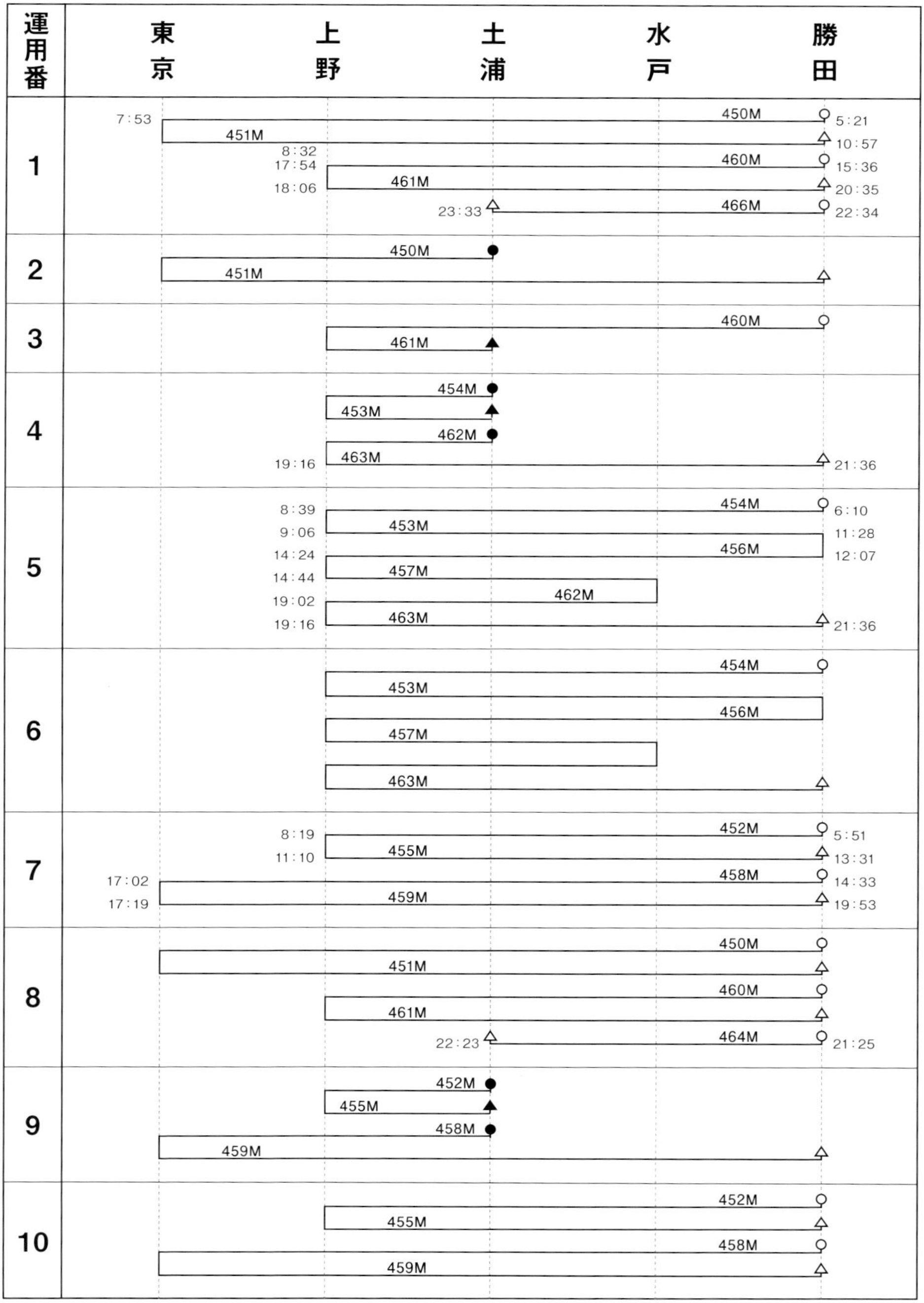

運用番	東京	上野	土浦	水戸	勝田
1	7:53 → 451M	8:32 17:54 → 461M 18:06	23:33 △	450M ← 5:21 460M ← 15:36 466M ← 10:57 △ 20:35 22:34
2		451M	450M ●		△
3		461M ▲		460M ○	
4		453M ▲ 19:16 → 463M	454M ● 462M ●		△ 21:36
5		8:39 9:06 → 453M 14:24 14:44 → 457M 19:02 19:16 → 463M	462M	454M ← 6:10 456M ← 11:28 12:07	△ 21:36
6		453M 457M 463M		454M ○ 456M	△
7	17:02 17:19	8:19 11:10 → 455M 459M		452M ← 5:51 458M ← 14:33 13:31 19:53	
8		451M 461M	22:23 △	450M ○ 460M ○ 464M ○	△ △ 21:25
9		455M ▲ 459M	452M ● 458M ●		△
10		455M 459M		452M ○ 458M ○	△ △

図33　「交通公社の時刻表」昭和36年7・8月号の常磐線

から	名＼号	444	2420	2422	2424	620	2426	430	432	434
7	日立 〃	…	…	㊕	㊕	…	㊕	545	657	726
6	常陸多賀 〃	…	…	(柏停車7 04)	(柏停車7 37)	…	(柏停車7 55)	551	705	734
2	大甕 〃	…	…			…		558	713	741
6	東海 〃	…	…			…		607	723	750
3	佐和 〃	…	…			…		613	730	757
5	勝田 〃	…	…	521	557	…	613	619	739	804
	水戸 着	園	…	527	603	…	619	626	746	811
3	水戸 発	455	…	529	605	…	621	631	800	…
3	赤塚 〃	レ	…	536	611	…	627	640	809	…
1	内原 〃	レ	…	541	616	…	633	646	816	…
8	友部 〃	レ	…	546	621	…	639	655	822	…
7	岩間 〃	レ	㊕	552	628	…	646	703	830	…
1	羽鳥 〃	レ	(柏停車6 52)	558	633	…	651	711	837	…
6	石岡 〃	522		604	639	…	657	720	852	…
2	高浜 〃	526		609	644	…	702	726	858	…
7	神立 〃	534		615	650	…	708	736	907	…
8	土浦 〃	544	608	624	657	…	715	746	916	…
4	荒川沖 〃	552	615	631	704	…	721	755	925	…
0	牛久 〃	559	622	637	710	…	728	804	933	…
1	佐貫 〃	605	628	643	716	…	734	818	940	…
2	藤代 〃	609	631	646	719	…	737	823	945	…
2	取手 〃	617	638	653	726	…	744	831	953	…
3	我孫子 〃	625	647	659	732	…	751	840	1001	…
9	松戸 着	646	706	717	751	…	808	856	1017	…
6	日暮里 〃	709	729	741	815	…	833	917	1039	…
8	上野 着	714	735	746	819	…	837	923	1045	…

上野一東京 3.6キロ　　└東京着 756

昭和36年6月19日改正

から	名＼号	444	3420	2422	2424	620	2426	430	432	434
7	日立 〃	…	…	㊕	㊕	…	㊕	545	657	726
6	常陸多賀 〃	…	…	(柏停車7 04)	(柏停車7 39)	…	(柏停車7 57)	551	705	734
2	大甕 〃	…	…			…		558	713	741
6	東海 〃	…	…			…		607	723	750
3	佐和 〃	…	…			…		613	730	757
5	勝田 〃	…	…	521	557	…	613	619	739	804
	水戸 着	園	…	527	603	…	619	626	746	811
3	水戸 発	455	…	529	605	…	621	631	800	…
3	赤塚 〃	レ	…	536	611	…	627	640	809	…
1	内原 〃	レ	…	541	616	…	633	646	816	…
8	友部 〃	レ	…	546	621	…	639	655	822	…
7	岩間 〃	レ	…	552	628	…	646	703	830	…
1	羽鳥 〃	レ	(柏停車6 53)	558	633	…	651	711	837	…
6	石岡 〃	522		604	639	…	657	720	852	…
2	高浜 〃	526		609	644	…	702	726	858	…
7	神立 〃	534		615	650	…	708	736	907	…
8	土浦 〃	544	601	624	700	…	718	746	916	…
4	荒川沖 〃	552	610	631	706	…	724	755	925	…
0	牛久 〃	559	618	637	713	…	731	804	933	…
1	佐貫 〃	605	625	643	718	…	736	818	940	…
2	藤代 〃	609	630	646	721	…	739	823	945	…
2	取手 〃	617	638	653	728	…	746	831	953	…
3	我孫子 〃	625	647	659	734	…	752	840	1001	…
9	松戸 着	646	706	717	751	…	808	856	1017	…
6	日暮里 〃	709	729	741	815	…	833	917	1039	…
8	上野 着	714	735	746	819	…	837	923	1045	…

上野一東京 3.6キロ　　└東京着 756

昭和36年6月26日からの改正。3420列車に注目

図34　「交通公社の時刻表」昭和36年6月号の鹿児島本線快速電車

…	下関 1612	…	岡山 516	…	園	滝部 1540	…	…	京都 830	㊕	始発
…	‖	1614	‖	…	熊本発12 05	‖	1710	1716	‖	1752	門港
…	1622	1620	1633	…		1709	1717	1723	1740	1757	門司
…	1625	1620	1640	…		1712	1719	1725	1744	1758	
㊕	1631	1627	1647	㊕	1708	1719	1726	1732	1751	1804	小倉
1605	1633	1628	1650	1705	1712	園	1728	1735	1752	1805	
1611	1640	1635	1658	1711	1・2準急	…	1735	1743	1・2特急	1811	戸畑
レ	1644	1639	1703	レ		…	1741	1748		レ	枝光
1617	1650	1645	1709	1717	1724	…	1747	1755	(かもめ)	1817	八幡
1621	1654	1649	1715	1721	レ	…	1752	1800		1821	黒崎
1626	1700	園	1723	1726	1732	…	1759	‖		1826	折尾
1626	1701	(筑豊本線経由)	1735	1726	1732	…	1802	(筑豊本線経由)	✂	1826	
レ	1707		1741	レ	レ	博多行	1808		レ	レ	遠賀
レ	1713		1749	レ	(第1ひかり)		1822		レ	レ	海老
レ	1722		1759	レ			1832		レ	レ	赤間
レ	1727	原田1838	1805	レ		633	1845	原田2000	レ	レ	東郷
レ	1735		1813	レ		西戸崎18 38	1853		レ	レ	福間
レ	1740	…	1819	レ	レ		1859		レ	レ	古賀
レ	レ	643	1825	レ	レ		1905	(客車の一部上山田着1952・飯…)	レ	レ	新宮
レ	1749	1809	1832	レ	レ	1902	1911		レ	レ	香椎
レ	レ	1815	1839	レ	レ	1908	1918		レ	レ	箱崎
レ	1756	1817	1842	レ	レ	1911	1922		レ	レ	吉塚
1703	1759	1820	1846	1803	1810	1914	1925		1855	1903	博多
1707	園	1853	1909	1824	(日豊本線 豊肥本線)	園	1945		…	1905	
1711	「	レ	1915	1828		…	レ		…	1909	竹下
1715	日	レ	1921	1832		…	1954		…	1913	雑餉

駅名										
水城 〃	㊕	734	部175	858	東京行	レ	レ	…	レ	㊕
雑餉隈 〃	850	741	540	903		833	レ	…	レ	950
竹下 〃	854	747		908		839	レ	…	レ	レ
博多 着	858	753	園	913	42	844	906	…	935	957
博多 発	900	803	825	園	9 02	846	917	…	…	1000
吉塚 〃	レ	807	829	…	レ	850	921	…	…	レ
箱崎 〃	レ	810	831	…	1・2急行	レ	923	…	…	レ
香椎 〃	レ	817	838	…		857	931	…	…	レ
筑前新宮 〃	レ		845	門司港行	(筑紫)	904	938	…	…	レ
古賀 〃	レ	…	850			921	945	…	…	レ
福間 〃	レ	…	855			928	951	…	…	レ
東郷 〃	レ	…	903		レ	936	1000	…	…	レ
赤間 〃	レ	…	908	618	レ	942	1006	…	…	レ
海老津 〃	レ	…	917	飯塚発8 58	✂	952	1018	…	…	レ
遠賀川 〃	レ	940	923		レ	959	1025	…	…	レ
折尾 着	936	園	929		9 45	1005	1031	…	…	1036
折尾 発	936	822	930	‖	9 47	1008	1038	…	…	1036
黒崎 〃	941	829	937	1000	C2	1015	直方1106	厚狭行	…	1041
八幡 〃	945	834	948	1007		1021			…	1045
枝光 〃	レ	839	952	1013	レ	1027	(博多直方間430)		…	レ
戸畑 〃	952	843	957	1017	10 01	1032		652	園	1052
小倉 着	958	850	1004	1026	10 09	1041		園	952	1058
小倉 発	…	852	1005	1027	10 11	1047		1054	1112	1059
門司 着	950	859	1011	1034	10 18	1054		1101	1119	1104
門司 発	1017	908	1014	1035	10 26	1121	…	1104	1120	1105
門司港 着	1024	915	‖	1043	‖	‖	…	‖	1127	1111
終着	…	…	1240	…	7 41	2216	…	1207	…	…

売りにした快速電車と、新しい電車への期待があって大勢のお客様に利用していただき、運転条件が厳しくなったためと思われます」と寺戸氏は当時を語ったが、ただでさえ性能一杯で運転しているところに混雑による回復運転などで過負荷になり、421系の消費電力量は401系よりも50%近く多かったという。

山陽本線などの新規電化区間では併用している蒸気機関車の煤煙がトロリー線に付着してパンタグラフの集電を阻害したためスリ板の異常磨耗が発生し、ひどいときには数十キロの運行で溝磨耗が生じ、パンタグラフの破損にいたることもあった。さらに関門トンネルや海岸線走行時の塩害で碍子の閃絡事故が発生し、6月には一部をディーゼル動車で代用運転し、9月には台風による塩害で碍子の絶縁が悪くなり、421系が全面運休することもあった。これら初期トラブルの対策として

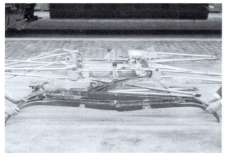

破損した421系のパンタグラフ　写真：手塚一之

421系の電化開業祝賀式　下関　昭和36年6月
　写真：星　晃

①屋根上碍子の高さ・ヒダ数を多くして沿面距離を拡大した
②ABBの空気配管を変更して不完全しゃ断を防止した
③交直切換器のシリンダーを改良し不転換防止を図った
④交直切換時などき電確認が容易にできるよう、架線電圧検知器を追設した
などの改良が第2次量産車の設計変更に反映

されるとともに、先行試作車・第1次量産車にも第2次量産化改造として施行された。421系先行試作車が比較的早い時期に施行されているのは401系先行試作車と同様に冒進保護方式改良が併施されたためと想像されるが、これらの対策が功を奏して401・421系もほどなく安定し、近代的な居住性と快速性など本来の実力を発揮するようになったのである。

東京駅に到着した常磐線401系　東京　昭和36年6月1日　写真：星　晃

昭和37年9月9日　牛久ー佐貫
写真：田澤義郎

昭和38年4月10日　東京
写真：星　晃

表11 401・421系百万キロ当たり故障件数

	36/6	7	8	9	10	11	12	37/1	2	3	合計（平均）
401系	7.8	12.4	1.6	1.8	7.5	1.2	1.7	3.4	0.0	3.5	4.1
421系	41.8	11.5	8.4	7.5	3.4	3.4	5.9	2.8	4.7	6.0	8.7
計	25.3	12.0	5.1	4.7	5.2	2.7	4.0	3.4	2.9	5.1	6.7

参考：昭和36年度東鉄局直流電車の百万キロ当たり故障件数は0.30件

「或る写真」から

昭和37年の撮影、つまり新製からわずか1年の時点で前頭窓上部の帯のないクハ401が存在したことを表す写真。昭和30年代終盤まで残されていたはずのクハ401前頭上部帯が、こんな早い時期に抹消されたのか疑問に思える写真である。その理由は
第1説：早期に定期検査入場し、帯を抹消した
第2説：撮影者が撮影年月日を間違えていた
第3説：新製時から前頭部の帯が塗られていなかった
などの「原因」が考えられる。まず第1説は定期検査入場するにはあまりにも早すぎるし、仮に入場して塗り替えたとしても当時の図面では前頭部の帯を塗る定めになっていたのでその可能性は低い。第2説は撮影者の田澤氏に失礼を顧みず確認したところ、ネガの他のコマから間違いないとの回答をいただいた。したがって第3説の可能性が浮上してくる。

長々と駄弁を弄したが、第3説も状況証拠にすぎず、鉄道愛好家の想像の域を出ず、その理由を解明することはできなかった。正確な歴史を残すことが車両研究者の責務でもあり、少し残念な思いはあるが「謎の写真」として紹介させていただいた。

昭和37年8月27日　土浦―荒川沖　写真：田澤義郎

表12 401・421系第2次量産化改造

編成番号	番号				年月日	場区
K1	クハ401-1	モハ401-1	モハ400-1	クハ401-2	昭37.5.30	大井工
K2	クハ401-3	モハ401-2	モハ400-2	クハ401-4	昭37.4.3	大井工
K3	クハ401-5	モハ401-3	モハ400-3	クハ401-6	昭37.3.24	大井工
K4	クハ401-7	モハ401-4	モハ400-4	クハ401-8	昭37.3.13	大井工
K5	クハ401-9	モハ401-5	モハ400-5	クハ401-10	昭37.5.9	大井工
K6	クハ401-11	モハ401-6	モハ400-6	クハ401-12	昭37.4.10	大井工
K7	クハ401-13	モハ401-7	モハ400-7	クハ401-14	昭37.5.21	大井工
K8	クハ401-15	モハ401-8	モハ400-8	クハ401-16	昭37.5.8	大井工
K9	クハ401-17	モハ401-9	モハ400-9	クハ401-18	昭37.4.16	大井工
K10	クハ401-19	モハ401-10	モハ400-10	クハ401-20	昭37.6.5	大井工
K11	クハ401-21	モハ401-11	モハ400-11	クハ401-22	昭37.4.26	大井工

編成番号	番号				年月日	場区
A1	クハ421-1	モハ421-1	モハ420-1	クハ421-2	昭36.12.27	小倉工
A2	クハ421-4	モハ421-2	モハ420-2	クハ421-3	昭37.1.17	小倉工
A3	クハ421-5	モハ421-3	モハ420-3	クハ421-6	昭37.4.4	小倉工
A4	クハ421-7	モハ421-4	モハ420-4	クハ421-8	昭37.3.17	小倉工
A5	クハ421-9	モハ421-5	モハ420-5	クハ421-10	昭37.4.14	小倉工
A6	クハ421-11	モハ421-6	モハ420-6	クハ421-12	昭37.4.22	小倉工
A7	クハ421-13	モハ421-7	モハ420-7	クハ421-14	昭37.3.24	小倉工
A8	クハ421-15	モハ421-8	モハ420-8	クハ421-16	昭37.4.7	小倉工

401・421系の編成番号
4両固定編成の401・421系は、当時の国鉄電車では珍しく編成番号が付けられ、勝田電車区の401系はK1・K2…編成、南福岡電車区の421系はA1・A2…編成と呼ばれた。なお理由は不明だがA2編成だけはTc車の向きが逆という異端編成だった。

4 昭和36年度の動きー
鹿児島本線荒木電化開業

　昭和37年2月の鹿児島本線荒木電化開業に伴い421系第2次量産車が40両増備され、客車列車・ディーゼル列車置替え・増発と併せて小倉－博多間快速の8時から19時まで1時間の等間隔増発が実施された。鹿児島本線電化当初の終端だった久留米のプラットホームは2面3線しかないうえに拡張の余地がなかったが、1駅先の荒木は構内が広く側線が遊んでいたので、電化区間延長の上申案を作成して本社に説明して荒木まで電化したと、齋藤氏は電化延伸の経緯を語った。荒木駅の側線は「肉弾三勇士」で名をはせた久留米師団の資材積卸し場だったと補足したが、この側線が鹿児島本線電化に活用されることになった。なお営業運転開始当初の快速電車にはヘッドマークが掲出されたが、第2次量産車が投入された12月に廃止された。

421系高運転台車　枝光　昭和37年2月28日
写真：小川峯生

421系の快速サボ　写真：星　晃

高運転台のクハ421　小倉　昭和39年9月　写真：星　晃

図35　昭和37年2月改正421系運用　出典：電車誌1962年4月号

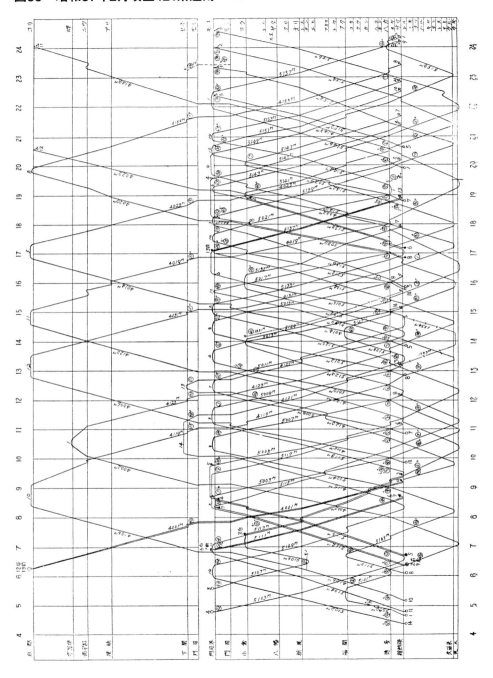

5 昭和37～38年度の動き－常磐線高萩電化開業

　昭和37年10月の常磐線高萩電化開業に伴い401系が20両増備され、水戸－高萩間の電車置替え・増発が実施された。併せて上野口通勤列車も増発され、北千住に停車するようになった。高萩電化に続いて38年5月には高萩－平間が電化開業し、401系の運用区間も平まで延伸されたが、高萩電化時に平電化を考慮した運用が組まれていたため401系の増備はなかった。なお常磐線の電車準急は37年10月ダイヤ改正で「ときわ」（下り1本）が設定されていたが、38年10月ダイヤ改正で451系の投入によりディーゼル準急「ときわ」の大半が電車化された。

6 昭和39年度の動き－特殊電源車サヤ420の誕生

　夢の超特急と呼ばれた東海道新幹線が昭和39年に開業すると、151系こだま形の転用が問題となる。京阪神と博多を結ぶ列車が輸送需要上必要となるので、当初は交直流化改造案が検討されたが、改造費が大きいうえに改造工事に半年以上必要なことから断念し、近い将来に新形式の481系特急形交直流電車への置き替え（151系は直流電化区間の山陽特急に転用）を前提として暫定的に151系の鹿児島本線乗入れ運転が実施されることになった。
　下関－博多間の運転方式は種々の案のなかから、事前に準備ができ新幹線開業後直ちに運転可能という利点がある電源車方式（機

常磐線上り　常磐小木津　昭和45年3月
写真：田澤義郎

図36　昭和37年10月改正401系運用　出典：電車誌1962年10月号

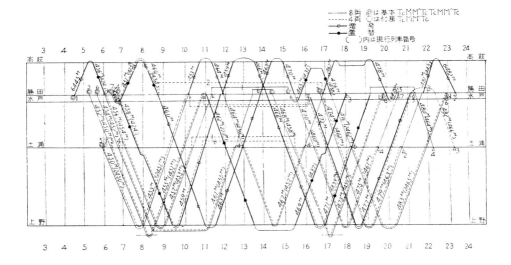

門司駅でサヤ420を連結して関門トンネルに向かう特急「はと」 昭和40年5月21日 写真：星 晃

関車+電源車+151系とする方式）に決定された。補機電源を供給する電源車は将来不要となることから、最も手戻りの少ないこと及び運転上の支障が少ないことなどを考慮して、モハ420への転用を前提としたサヤ420形式職用交直流付随車が39年7月に誕生した。

　サヤ420は機関車（EF30・ED73）と151系の間に連結して直流区間では架線電圧をそのまま151系に給電し、交流区間では421系と同様な方式で直流1500Vに変換して151系に給電する電源車で、将来は容易に復元できるよう基本構造はモハ420が踏襲された。電源車として不要な主電動機・主平滑リアクトルなどは省略したが、優等列車の出庫準備や自車空気源が必要なことからMG・CPが追設された。

図37　形式図（サヤ420）　　出典：九州乗入れ151系電車列車

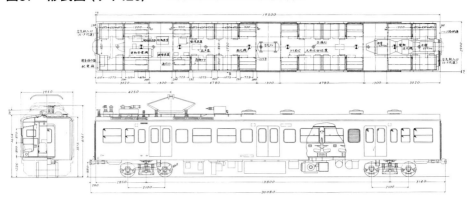

（1）車体・電気機器はモハ420を基本とし、腰掛などの車体設備も設けたが、保安上乗務員が添乗するため客室前位寄りを操作室とし仕切と開戸を追設した。また乗務員の出入りを考慮して前位寄り側引戸に手動用取手を追設した。

（2）台車はDT21Bを基本としたが、主電動機は不要なので付随車用輪軸に変更したDT21Zとした。電気機器はモハ420と同じものを使用したが、パンタグラフは下関駅停車時の集電容量を考慮してスリ板を3列に変更したPS16Fとした。

（3）台枠機器配置はモハ420と同様としたが、（モハ420の主平滑リアクトル・電動発電機のスペースに）CPを取付け、補機電源用MGと関係機器は客室に設置した。MG用平滑リアクトル冷却風取入のため後位寄り戸袋窓に整風板を取付け、後位寄り貫通扉に排風口を設けた。また機関車・151系と連結するため両側とも自動連結器を取付けた。

◇

表13　サヤ420 主要諸元

		サヤ 420
電気方式		直流1500V・交流20000V（60Hz）
最高許容速度 (km/h)		115
自重 (t)		42.9
車体	構体	鋼製
	連結面間長さ (mm)	20000
	車体幅 (mm)	2900
	屋根高さ (mm)	3654
	床面高さ (mm)	1225
	パンタ折り畳み高さ (mm)	4161
台車	方式	
	形式	DT21Z
	歯数比	―
交直切換方式		（機関車より制御）
パンタグラフ	枠組み	菱形（ステンレス）
	形式	PS16E
主変圧器	方式	送油風冷式
	形式	TM3A
主整流器	方式	単相ブリッジ式
	形式	RS3
補助電源装置	方式	MG
	出力（種別・電圧）	交流100V
	出力 (kVA)	20
	形式	MH97-DM61
電動空気圧縮機	方式	V形2シリンダ
	形式	MH80A-C1000
記事		

　東海道新幹線開業に伴う39年10月ダイヤ改正で、151系は新大阪－博多間で2往復運転を開始した。151系は運用上必要な6編成に九州乗入れ対応改造が、機関車もEF30（7両）とED73（8両）に電源車牽引対応改造が施行され、サヤ420形電源車は予備車1両を

図38 車体外部付属品取付位置　出典：九州乗入れ151系電車列車説明書

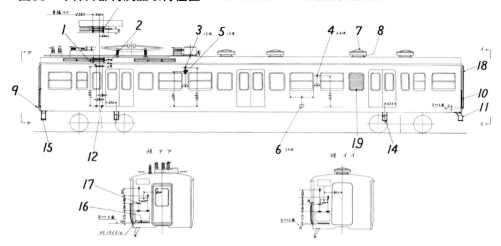

含む3両が新製された。

　下関に到着してパンタグラフを下げ客室蛍光灯などサービス機器が停止した151系編成にEF30+サヤ420が連結され、蛍光灯などが再びよみがえる。下関を発車した編成は交直切換されて門司駅に到着、牽引機はED73に交代して博多を目指した。上りは逆のコースで下関まで運転され、サヤ420開放後パンタグラフを上げた151系は新大阪に向けて発車、151系の発車を見届けたサヤ420は下関駅構内に留置されて下り列車の到着を待つ、そんな運用が40年9月まで続いたのである。

　後述する熊本電化が完成した40年10月ダイヤ改正で山陽・九州特急に481系が投入され、151系は181系にパワーアップ改造されて山陽特急に転じた。電源車の使命を終えたサヤ420は

① 客室の操作室の撤去・密着連結器の取替え
② 主電動機・主平滑リアクトル・MGを取付け、電源車で使用していた補機電源用MG・CPを撤去

などの改造を施行してモハ420-21〜23に改番され、40年度民有車両発注の421系（モハ421-21〜23）とユニットを組み営業運転に就役した。

門司港に到着する421系　昭和39年8月21日　写真：五十嵐六郎

04 403・423系の誕生と昭和39〜43年度の動き

1 403・423系の誕生と概要

　101系で確立した主回路システムはその後誕生したこだま形・東海形などに踏襲されたが、昭和30年代中盤以降の電化の伸展に伴い、中長距離電車列車が25‰連続勾配の介在する線区へ本格的に進出するようになると、一部の勾配区間を走行するために電動車比率を高くせざるを得ないケースが発生していた。このため電動車比率半々で25‰の連続勾配を運転可能な中長距離電車用の大出力

図39　屋上機器配置図（403系・423系）　　出典：455系説明書

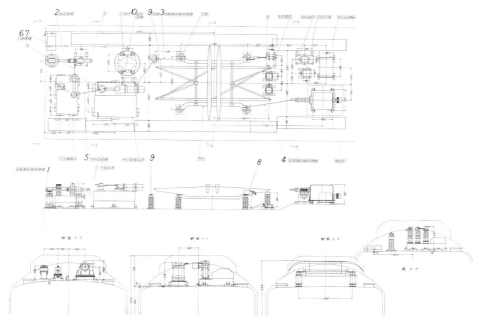

表14　403系・423系 主要諸元

		モハ403	モハ402	クハ401	モハ423	モハ422	クハ421
電気方式		直流1500V・交流20000V (50Hz)			直流1500V・交流20000V (60Hz)		
最高運転速度 (km/h)		100			100		
定員（座席）		128 (76)	128 (76)	116 (64)	128 (76)	128 (76)	116 (64)
自重 (t)		38.7	41.7	29.3	38.7	41.7	29.6
車体	構体	鋼製			鋼製		
	連結面間長さ (mm)	20000			20000		
	車体幅 (mm)	2900			2900		
	屋根高さ (mm)	3654			3654		
	床面高さ (mm)	1225			1225		
	パンタ折り畳み高さ (mm)	4161			4161		
	座席配置	セミクロスシート			セミクロスシート		
	出入口幅 (mm)×数	1300 両開×3			1300 両開×3		
	主な車体設備			和式便所			和式便所
空調装置	方式（形式）	なし			なし		
	容量 (kcal/h×数)	―			―		
台車	方式	コイルばね			コイルばね		
	形式	DT21B		TR62	DT21B		TR62
	歯数比	17:82 = 4.82		―	17:82 = 4.82		―
制御方式		直並列抵抗制御・弱界磁励磁			直並列抵抗制御・弱界磁励磁		
電動車1組の性能	1時間定格出力 (kW)	960			960		
	1時間定格速度 (km/h)	52.5			52.5		
	1時間定格引張力 (kg)	6690			6690		
交直切換方式		車上切換（一斉惰行順次力行）方式			車上切換（一斉惰行順次力行）方式		
主電動機	方式	直流直巻			直流直巻		
	最弱め界磁率 (%)	40			40		
	駆動方式	中空軸平行カルダン			中空軸平行カルダン		
	形式	MT54			MT54		
パンタグラフ	枠組み		菱形（アルミ）			菱形（ステンレス）	
	形式		PS16B			PS16C	
主制御器	方式	電動カム軸式			電動カム軸式		
	形式	CS12D			CS12D		
主抵抗器	方式	強制風冷式			強制風冷式		
	形式	MR61			MR61		
主変圧器	方式		送油風冷式			送油風冷式	
	形式		TM9			TM10	
主整流器	方式		単相ブリッジ式			単相ブリッジ式	
	形式		RS22A			RS22	
補助電源装置	方式		MG			MG	
	出力（種別・電圧）		交流100V			交流100V	
	出力 (kVA)		20			20	
	形式		MH97A-DM61A			MH97A-DM61A	
電動空気圧縮機	方式			V形2シリンダ			V形2シリンダ
	形式			MH80A-C1000			MH80A-C1000
ブレーキ方式		発電ブレーキ併用電磁直通ブレーキ			発電ブレーキ併用電磁直通ブレーキ		
記事							

　主電動機が要望され、出力を20％アップした新標準形式のMT54が誕生した。

　この主電動機を使用した新形式車として近郊形直流電車では113系が38年度に、パワーアップと併せてノッチ戻しと抑速発電ブレーキを付加した115系が37年度に誕生していた。一方、39年11月の関門連絡船廃止に伴う関門ローカル増発用として近郊形交直流電車が増備されることになったが、401・421系についても標準化の見地から主電動機がパワーアップされ、新形式車の423系が40年1月に誕生した。

　403・423系近郊形電車は113系に相当する主電動機出力増強系列で、113系と同様に電動車のみ新形式がおこされ、Tc車は従来のクハ401・421が使用されている。性能面は

昭和40年10月14日　門司　写真：星　晃

401・421系と特性を合わせて併結可能とし、歯数比も同一の4.82が採用されている。編成は両系列と同様4両ユニットとし、外部色もローズピンクと呼ばれるようになった赤13号を基調とした塗分けが踏襲されている。

（1）車体・車体設備は401・421系を踏襲したが、Tc車前位寄り通風器を箱形に変更し運転室通風効果の改善を図った。付随車用台車はブレーキ頻度が高いことを考慮して、113系と同様にディスクブレーキ式のTR62を使用した。

（2）主電動機出力増大に伴い、主制御器・主抵抗器などの主回路機器は容量増大したものに変更した。主変圧器・主整流器などの交流機器は当時の交直流電車用標準形式のTM10・RS22を使用した。

（3）台枠機器配置は図40・41の通りで、主変圧器・主平滑リアクトルを一体構造化などに伴いM'車の機器配置を変更した。またM'車の屋上機器配置は他系列（455・475系）と共通化し、直流避雷器などを移設した。

2　増備車の設計変更（403・423系）

403・423系は昭和39年度から43年度まで増備が続けられた。以下、鉄道愛好家の関心を惹くと思われる設計変更を述べてみたい。

・昭和40年度民有車両

401・421系の最終増備車で、当初計画通りサヤ420を復元改造して転用した関係で421系電動車はモハ421のみ増備された。モハ400の一部電気機器・屋上機器配置やクハ401の車体構造も423系と同様な設計変更が施され、主整流器には補修用に製作したRS23が使用された。

なお既に主電動機出力増強系列が誕生していた時期に401・421系が増備（ほかに101系も増備）されたのは、151系の181系改造により発生した100kWのMT46主電動機を流用したためである。

・昭和40年度第2次債務車

この増備車で、403系が誕生した。基本構

モハ403形（1・3位側）　写真：福原俊一

図40　台枠機器配置図（モハ403・423形）　出典：電車要目表

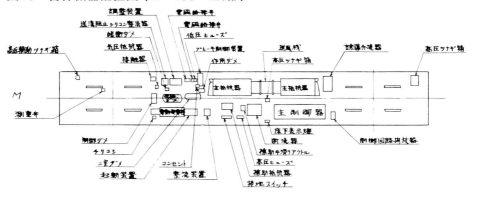

モハ423形（2・4位側）　写真：福原俊一

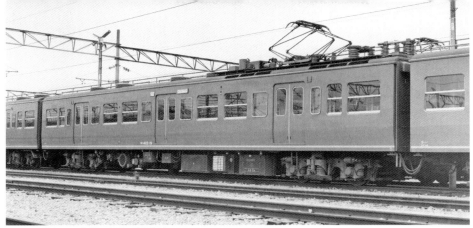

モハ422形（1・3位側）　写真：浅原信彦

図41　台枠機器配置図（モハ402・422形）　出典：電車要目表

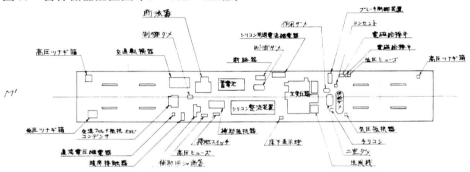

モハ402形（2・4位側）　写真：福原俊一

前位寄り通風器が箱形に改良された後期タイプのクハ401　写真：福原俊一

造は423系と同一で、主変圧器はTM9が使用された。

・昭和42年度本予算追加車

　近郊形電車に使用された煙突形通風器は雪の侵入に対して完全ではないため、寒冷線区用の115系では押込み式通風器が用いられていた。113系も降雪地区への運転区間が拡大されたため、115系と同様な押込み式に変更されたが、標準化の見地から423系もこの増備車で押込み式通風器に変更され、併せて天井見付の改良や無塗装化が図られた。またクロスシート部取手は車両工業デザイン委員会が考案した角形に改良された。

・昭和43年度本予算車

　403系の最終増備車で、423系と同様押込み式通風器に変更されたほか、従来の403・423系では異なっていた終着駅名などの札差取付位置が423系と同一位置に統一された。

山陽本線を走る423系4両編成　昭和47年8月14日　長府―小月　写真：寺本光照

モハ402-20　写真：豊永泰太郎

3 昭和40年度の動き－
鹿児島本線熊本電化開業と平以北への延伸

　昭和40年10月の熊本電化開業に伴い423系が36両増備され、荒木－熊本間の電車置替え・増発と併せて山陽本線は徳山まで運転区間が延伸された。熊本電化に伴うダイヤ改正で名古屋・京阪神と博多・熊本を結ぶ電車特急・電車急行が一挙に大増発され、快速電車の博多発00分のラウンドタイムは電車急行に譲り毎時10分発に変更された。

　常磐線平－草野間は38年9月に電化され、草野に設けられた留置線まで401系は既に回送運転されていたが、40年6月から草野まで営業運転区間が延伸された。

Column

水戸線電化と幻のクモユニ411

　昭和41年度本予算で403系は、水戸線電車化用として32両、常磐線上野口客車列車置替え用として28両の計60両が発注されたが、当初は水戸線ローカル電車化用として403系40両と郵便荷物電車1両の投入が計画された。当時の水戸線ローカル客車列車の一部で行なわれていた郵便荷物輸送も含めて電車化するもので、郵便荷物電車としてクモユニ411が計画された。形式図は見出せなかったが、主回路システムは当時誕生した1M新性能電車クモユ141を基本に主変圧器・主整流器などの交流電気機器を搭載した格好だったと想像される。クモユ141の床下ぎ装は直流電気機器だけで一杯なので、交流電気機器は機器室を設けて格納したと考えられ、どのような形態か想像するだけでも興味は尽きない……。

　しかし投資額を検討の結果、郵便荷物輸送を行なう列車は客車列車のままとし電気機関車牽引に置替えた方が客車を有効活用でき総合的に有利なことが確かめられ、403系の投入両数は32両に縮小されて客車列車4往復が残された。仮に誕生していたら全国の交流電化区間に郵便荷物電車が駆け抜ける契機になったか、あるいは水戸線以外では使用しにくく「継子扱い」になっていたかは分からないが、クモユニ411は実現することなく幻の車両として終わったのである。

水戸線を走る郵便荷物車連結の客車列車
昭和57年　写真：五十嵐六郎

鹿児島本線の421系　昭和43年9月29日　海老津―赤間　写真：大塚　孝

昭和57年5月23日　東結城−川島　写真：五十嵐六郎

4 昭和41年度の動き−
日豊本線新田原電化と水戸線電化開業

　昭和41年10月の日豊本線小倉−新田原間が電化開業、423系が36両増備され同区間の電車置替えが実施された。一方の常磐線もこのダイヤ改正での上野口客車列車置替え用として主電動機出力増強系列の403系が投入された。翌42年3月には水戸線小山−水戸間が電化開業、403系が60両増備されて水戸線ローカル列車の電車化と上野口の客車列車置替えが実施された。なお水戸線の起点である小山は既に直流電化されているため、水戸線は小山−小田林間に交直接続点（もちろん車上切換）が設けられた。

図42　「交通公社の時刻表」昭和43年10月号の遜色急行「ぎんなん」「ゆのか」

※「ぎんなん2号」「ゆのか3号」は421・423系を使用しているため1等車連結のマークがない。

5 昭和42年度の動き― 日豊本線大分(幸崎)電化

　昭和42年10月の日豊本線新田原－幸崎間が電化開業、423系が36両増備され同区間の電車置替えと鹿児島本線の客車列車置替えが実施された。このダイヤ改正では401・403系を使用したいわゆる遜色急行「ときわ」が下記の時刻で設定された。

下り ときわ2号（2411M）

上野 8:25 → 水戸 10:25（休日運転）

6 昭和43年度の動き― 遜色急行の運転開始

　昭和43年10月に白紙ダイヤ改正が実施され、近郊形交直流電車を使用した遜色急行の「ときわ」「ぎんなん」「ゆのか」が設定された。「ときわ」は前年の42年10月ダイヤ改正で設定された不定期急行を定期化した格好で

表15　モハ402・422主整流器振替工事

番号	年月日	場区	番号	年月日	場区
モハ402-1	昭45.6.18	大井工	モハ422-1	昭45.9.3	小倉工
モハ402-2	昭45.7.9	大井工	モハ422-2	昭45.3.30	小倉工
モハ402-3	昭45.7.15	大井工	モハ422-3	昭44.12.22	小倉工
モハ402-4	昭47.2.5	大井工	モハ422-4	昭48.10.26	小倉工
モハ402-5	昭45.5.8	大井工	モハ422-5	未施行	
モハ402-6	昭45.5.21	大井工	モハ422-6	昭47.8.22	小倉工
モハ402-7	昭45.4.17	大井工	モハ422-7	未施行	
モハ402-8	昭47.6.1	大井工	モハ422-8	昭45.6.18	小倉工
モハ402-9	昭47.8.18	大井工	モハ422-9	昭45.6.27	小倉工
モハ402-10	昭47.7.1	大井工	モハ422-10	昭48.12.15	小倉工
モハ402-11	昭47.7.20	大井工	モハ422-11	昭45.2.14	小倉工
モハ402-12	昭47.9.19	大井工	モハ422-12	昭45.2.26	小倉工
モハ402-13	昭46.5.19	大井工	モハ422-13	昭45.3.4	小倉工
モハ402-14	昭45.9.8	大井工	モハ422-14	昭50.6.6	小倉工
モハ402-15	昭47.5.18	大井工	モハ422-15	昭45.6.5	小倉工
モハ402-16	昭46.9.3	大井工	モハ422-16	昭45.7.24	小倉工
モハ402-17	昭47.8.24	大井工	モハ422-17	昭48.2.22	小倉工
モハ402-18	昭47.3.7	大井工	モハ422-18	未施行	
モハ402-19	昭47.6.12	大井工	モハ422-19	未施行	
モハ402-20	昭47.6.22	大井工	モハ422-20	未施行	
			モハ422-21	昭49.2.14	小倉工
			モハ422-22	不明	小倉工
			モハ422-23	不明	小倉工
			モハ422-24	昭49.7.24	小倉工
			モハ422-25	昭48.7.25	小倉工
			モハ422-26	昭47.3.29	小倉工
			モハ422-27	未施行	小倉工
			モハ422-28	未施行	小倉工
			モハ422-29	昭49.11.16	小倉工
			モハ422-30	昭47.12.22	小倉工

図43　「交通公社の時刻表」昭和43年10月号の遜色急行「ときわ」

※左ページ同様、下り「ときわ2号」上り「ときわ6号」は401・403系を使用している。

	（冷房改造前）			（冷房改造後）	
モハ450・452	（RS5・RS5A）	モハ402（RS22A）	→	モハ450・452（RS22A）	モハ402（RS5・RS5A）
モハ470（RS7・7A）		モハ422（RS22・RS22A）	→	モハ470（RS22・RS22A）	モハ422（RS7・7A）

1往復が、421・423系を使用した「ぎんなん」は下り1本が運転されたほか、不定期急行として「ゆのか」1往復が運転された。

7 昭和44年度の動き－
モハ402・422主整流器振替工事

昭和43年度から急行形電車2等車（普通車）の冷房化に着手し、急行形交直流電車普通車の冷房改造工事も44年度からスタートした。冷房化にあたりモハ450・452とモハ470に使用されていたRS5・RS7主整流器は容量が不足するため、モハ402・422に使用されているRS22主整流器との振替工事が44年度から施行された。

常磐線は42年8月に草野－岩沼間が電化され全線電化が完成していた。401・403系は岩沼（仙台）まで乗入れることはなかったが、44年4月から四ツ倉まで運転区間が延伸された。

401系編成　昭和54年6月3日
佐貫―牛久　写真：福原俊一

昭和39年8月21日　枝光　写真：五十嵐六郎

05 415系の誕生と昭和46〜51年度の動き

1 415系0番台製作のいきさつ

　昭和35年度に誕生した401・421系は36年6月から常磐・鹿児島本線で営業運転を開始、その後誕生した主電動機出力増強系列403・423系が標準形式として43年度まで増備が続けられていた。

　従来の交直流電車は403・423系のように50Hz用と60Hz用に別形式がおこされていたが、50/60Hz両用の主変圧器が開発され、43年10月ダイヤ改正用として増備される583・485系特急形電車で実用化され、翌44年に457系急行形が誕生していた。近郊形交直流電車は43年度以来増備がなかったが、46年4月の常磐線綾瀬－我孫子間複々線化に伴うダイヤ改正の上野口ローカル電車（いわゆる中電）増発用として2年ぶりに増備されることになり、標準化の見地から50/60Hz両用に設計変更された新形式の415系が誕生した。

冷房改造後の415系0番台と低窓車を併結した8両編成　昭和55年9月21日　取手一藤代　写真：福原俊一

2 415系0番台の概要と形式番号

　415系は403・423系の主変圧器を50/60Hz両用化した系列で、従来車と同様Tc車にCPを配置した2M2T4両ユニット基本編成が踏襲されている。主回路システムも403・423系と同じCS12・MT54が採用され、定格速度・最高速度などの性能も同一である。形式は電動車がモハ415・414、制御車はクハ411形300番台が付与されたが、この経緯を解説しておこう。

　401・421（403・423）系の形式がおこされた経緯は前述したが、後の車両称号基準規程改正で新性能電車十位の数字は0～2：通勤・近郊形と条文化されていた。昭和40年代に通勤形と近郊形を十位の数字で明確に区分しようという考えから、50/60Hz両用近郊形交直流電車の誕生と併せて表17のような改番が計画された。急行形交直流電車と同様な体系、すなわち電動車は主電動機出力と周波数（電気方式）で形式を区分し、基本的に同一構造のクハ401・421を同一形式のクハ411に編入して番台で区分するもので、この含みを持たせて415系は電動車と制御車で異なる形式で誕生した。

　しかしこの計画は結果的に実現せず、改番されずに終わった。後年には空番台となっていたクハ411形100・200番台が増備車に使用されたほか、空き形式の413系が急行形改造の2扉ローカル電車に使用され、やや分かりにくい番号体系になったのである。なお在来の401・421（403・423）系の改番計画について、一部の文献では

①：周波数別に改番(401・

表16　415系0番台 主要諸元

		モハ415	モハ414	クハ411
電気方式		直流1500V・交流20000V（50Hz・60Hz）		
最高運転速度（km/h）		100		
定員（座席）		128（76）	128（76）	116（64）
自重（t）		38.0	41.1	30.2
車体	構体	鋼製		
	連結面間長さ（mm）	20000		
	車体幅（mm）	2900		
	屋根高さ（mm）	3654		
	床面高さ（mm）	1225		
	パンタ折り畳み高さ（mm）	4161		
	座席配置	セミクロスシート		
	出入口幅（mm）×数	1300 両開×3		
	主な車体設備			和式便所
空調装置	方式（形式）	なし		
	容量（kcal/h×数）	－		
台車	方式	コイルばね		
	形式	DT21B		TR62
	歯数比	17:82＝4.82		－
制御方式		直並列抵抗制御・弱め磁励磁		
性能（電動車1組の定格）	出力（kW）	960		
	速度（km/h）	52.5		
	引張力（kg）	6690		
主電動機	方式	直流直巻		
	最弱め界磁率（%）	40		
	駆動方式	中空軸平行カルダン		
	形式	MT54B		
パンタグラフ	枠組み	菱形（アルミ）		
	形式	PS16B		
主制御器	方式	電動カム軸式		
	形式	CS12G		
主抵抗器	方式	強制風冷式		
	形式	MR61		
主変圧器	方式		送油風冷式	
	形式		TM14	
主整流器	方式		単相ブリッジ式	
	形式		RS22A	
補助電源装置	方式	MG		
	出力（種別・電圧）	3相交流 440V		
	出力（kVA）	20		
	形式	MH97A-DM61A		
電動空気圧縮機	方式			単動ベルト駆動
	形式			MH80A-C1000
ブレーキ方式		発電ブレーキ併用電磁直通ブレーキ		
記事				

図44　形式図（クハ411）　出典：電車形式図1972

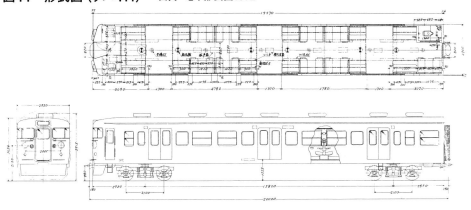

403系を411系、421・423系を413系に改番）する。
②：主電動機出力別に改番（401・421系を411系、403・423系を413系に改番）する。
と記述されたものがある。当時の車両称号基準規程に明文化されていなかったが、制御方式・電気方式などの性能面、具体的には
・主電動機出力
・抑速発電ブレーキの有無
・横軽協調運転機構
・歯数比
・50/60Hzの周波数
が同じものは電動車を同一形式（異なるものは別形式）とする基本的考えが車両設計事務所の内規で定められていた。つまり一部文献に記された内容はいずれも誤りであることを明記しておこう。

（1）車体・車体設備は403・423系と同様で、通風器は403・423系最終増備車と同様な押込式とした。台車は403・423系などで実績のあるコイルばね台車とし、付随車用台車はディスクブレーキを使用した。
（2）主電動機などの主回路機器は403・423系で実績のある機器を採用したが、主変圧器は50Hzでも充分な補機容量をもち、60Hzでも耐えられる容量を持たせた50/60Hz両用のTM14を採用した。
（3）台枠機器配置は図45～47の通りで、M車は主制御器等の主回路電気機器を、M'車には主変圧器等の交流電気機器を、Tc車にはCPなどを配置した。Tc車はクハ401・421同様奇数偶数向き双方使用可能とした。

3　415系0'番台 製作のいきさつと概要

昭和50年3月、山陽新幹線博多開業に伴う白紙ダイヤ改正が実施され、都市近郊輸送も改善が図られた。常磐線では通勤時間帯の中電増発用、九州地区では日豊本線の客車列車電車化と快速増発用として415系が3年ぶりに増備されることになり、この間に増備され

表17　401・421（403・423）系 改番計画案

形式番号	改番後形式番号
モハ401-1～25	モハ411-1～25
モハ400-1～25	モハ410-1～25
モハ403-1～20	モハ413-1～20
モハ402-1～20	モハ412-1～20
クハ401-1～90	クハ411-1～90
モハ421-1～23	同左（モハ421-1～23）
モハ420-1～23	同左（モハ420-1～23）
モハ423-1～28	同左（モハ423-1～28）
モハ422-1～28	同左（モハ422-1～28）
クハ421-1～106	クハ411-101～206
（46年度新製）	モハ415-1～
（46年度新製）	モハ414-1～
（46年度新製）	クハ411-301～

図45　台枠機器配置図（モハ415）　出典：電車要目表

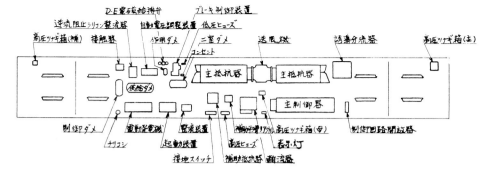

図46　台枠機器配置図（モハ414）　出典：電車要目表

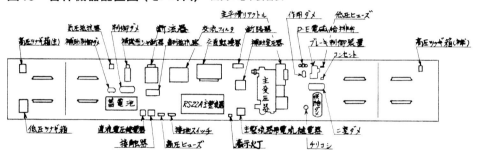

クハ411形　写真：浅原信彦

図47　台枠機器配置図（クハ411）　出典：電車要目表

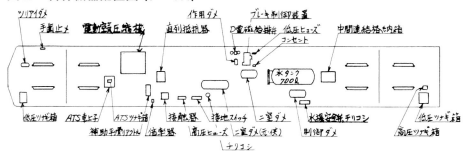

図48　415系客室見付　出典：415系説明書

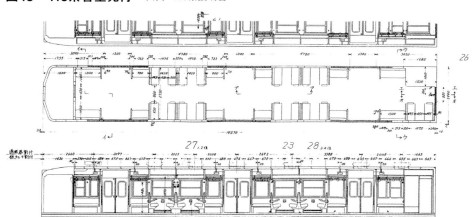

クハ411形（冷房改造後）　写真：福原俊一

図49 形式図（モハ414形0'番台） 出典：電車形式図1972版

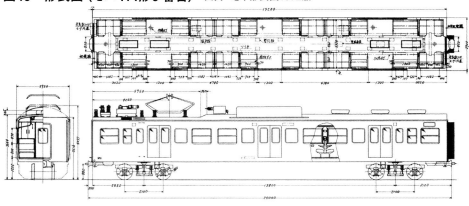

た113・115系と同様に冷房装置取付・防火対策などが施されたグループが誕生した。このグループの番号は415系第1陣（0番台）の追番で番号上の区分はないが、上述のように大幅に設計変更されているため、本稿では便宜上0'番台と呼称することにしたい。

(1) 0'番台の冷房装置は近郊形電車の標準方式である集中式冷房装置を採用し、混雑時の乗車率を考慮して113系1000'番台と同様に扇風機を廃止した。運転室にも冷風ダクトを通したため、前頭部の箱形通風器を廃止した。

(2) 昭和47年11月に発生した北陸トンネル火災事故を教訓に、使用材料をできるだけ不燃性・難燃性とする難燃車両の設計指針が出され、48年度民有車両で発注した115系300番台から適用されていた。0'番台も床材の難燃化・床下配管のダクト化など防火対策を取り入れた。

(3) 運転室は113系1000'番台と同様に運転士席側のスペースを広くし、客室との仕切窓を小型化したほか、前面貫通扉からの隙間風防止対策として新幹線電車の運転室開戸で実績のある膨張性シールゴムを取付け、運転室の環境改善を図った。また前灯をシールドビームに変更し保安度向上を図った。

(4) 側窓は隙間風防止と工作性容易化のためユニット窓を使用した。またサービス向上策として115系300番台と同様に行先表示装置の準備工事を行なった。

(5) 台枠機器配置は図50・52の通りで、冷房電源と制御・補助電源兼用の160kVAMGは113・115系ではM'車に取付けていたが、0'番台はぎ装スペースの関係から偶数向き制御車（Tc1車）に取付けM車の20kVAMGを廃止した。Tc車には従来通りCPを取付け

415系0'番台編成　昭和57年1月17日　写真：福原俊一

たが、Tc1車にMGを取付けた関係から方向転換できなくなったため、両ワタリを廃止し奇数偶数向き固定使用に変更した。また乗客の多寡に応じてブレーキ力を調整する応荷重装置を追設した。

車両用主変圧器の冷却方式は送油風冷式が一般的で、電車用主変圧器の絶縁油にはPCBを主体とした不燃性油が用いられていたが、カネミ油症事件などPCBによる環境汚染が社会問題化したことから、国鉄では48年度後期発注車両からPCB機器の使用を停止する方針が打ち出された。PCBを使用したTM14に代わってシリコン油を使用した新標準形式のTM20が誕生し、48年度第1次債務発注車（485系1500番台）以降の新製車から使用されていたが、415系も0'番台で主変圧器をTM20に変更するなど非PCB化が図られた。

表18 415系0'番台 主要諸元

		モハ415	モハ414	クハ411		
電気方式		直流1500V・交流20000V (50Hz・60Hz)				
最高運転速度 (km/h)		100				
定員（座席）		128 (76)	128 (76)	114 (63)		
自重 (t)		38.0	41.1	33.6	39.3	33.7
車体	構体	鋼製				
	連結面間長さ (mm)	20000				
	車体幅 (mm)	2900				
	屋根高さ (mm)	3654				
	床面高さ (mm)	1225				
	パンタ折り畳み高さ(mm)	4077				
	座席配置	セミクロスシート				
	出入口幅 (mm)×数	1300両開×3				
	主な車体設備			和式便所		
空調装置	方式（形式）	天井集中（AU75B）			なし（準備工事）	
	容量 (kcal/h×数)	42000×1			─	
台車	方式	コイルばね				
	形式	DT21B		TR62		
	歯数比	17:82＝4.82		─		
制御方式		直並列抵抗制御・弱界磁励磁				
性能 (電動車1組の定格)	出力 (kW)	960				
	速度 (km/h)	52.5				
	引張力 (kg)	6690				
主電動機	方式	直流直巻				
	最弱め界磁率 (%)	40				
	駆動方式	中空軸平行カルダン				
	形式	MT54D				
パンタグラフ	枠組み	菱形（アルミ）				
	形式	PS16B [PS16C]				
主制御器	方式	電動カム軸式				
	形式	CS12G				
主抵抗器	方式	強制風冷式				
	形式	MR61				
主変圧器	方式	送油風冷式				
	形式	TM20				
主整流器	方式	単相ブリッジ式				
	形式	RS22A				
補助電源装置	方式			MG		
	出力（種別・電圧）			3相交流 440V		
	出力 (kVA)			160		
	形式			MH135-DM92		
電動空気圧縮機	方式		単動ベルト駆動	単動ベルト駆動	単動ベルト駆動	
	形式		MH80A-C1000	MH80A-C1000	MH80A-C1000	
ブレーキ方式		発電ブレーキ併用電磁直通ブレーキ				
記事		[ ]は九州向け	奇数番号車	偶数番号車	クハ411-335	

モハ415形0'番台　写真：福原俊一

図50　台枠機器配置図（モハ415形0'番台）　出典：電車要目表

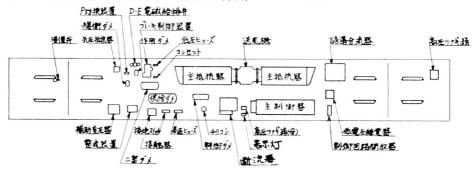

モハ414形0'番台　写真：福原俊一

図51　形式図（クハ411形0'番台）　　出典：電車形式図1984版

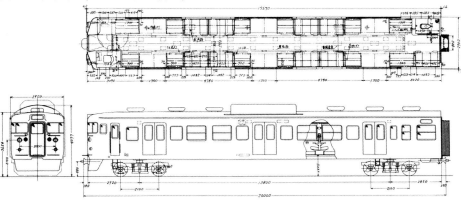

図52　台枠機器配置図（クハ411形0'番台偶数向きTc車）　　出典：電車要目表

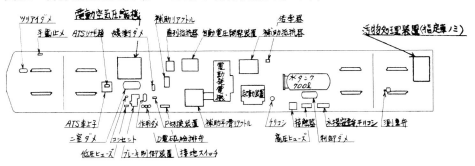

クハ411形0'番台　写真：福原俊一

4 増備車の設計変更(415系0'番台)

415系0'番台は昭和49年度から50年度まで総計65両が製造された。この間に大きな設計変更はなかったが、415系唯一の冷房準備工事車となった異端車クハ411-335が新製された。

・昭和49年度第1次債務車
　(クハ411-335)

昭和49年5月4日に鹿児島本線古賀－筑前新宮(現在の福工大前)間で発生した踏切事故に伴い、廃車となったクハ421-43の廃車補充用として新製されたTc車で、基本構造は0'番台奇数向きTc車に準じている。編成は4両ユニットを組む423系が非冷房だったことから冷房装置は準備工事とし、113系1000'番台同様ユニットクーラー取付部をふさぎ板で覆い、客室内には扇風機が取付けられた。また0'番台では前頭部寄り通風器も押込式に変更されていたが、クハ411-335は0番台と同様な箱形が取付けられ、外観上の相違点の一つとなっている。

表19　415系0番台・0'番台製造予算

製造予算・製造年度	両数	モハ415	モハ414	クハ411	記事
45年第1次債務	12	1〜3	1〜3	301〜306	昭和46年4月ダイヤ改正　常磐線中電増発用
48年第2次債務	12	4〜6	4〜6	307〜312	昭和50年3月ダイヤ改正　常磐線中電増発用
49年第1次民有車両	16	7〜10	7〜10	313〜320	〃
49年第2次民有車両	20	11〜15	11〜15	321〜330	昭和50年3月ダイヤ改正　日豊本線電車化・快速増発用
49年第1次債務	9	16・17	16・17	331〜335	昭和50年度　九州地区輸送力増強用
49年第3次債務	8	18・19	18・19	336〜339	〃

Column
両わたり・片わたりと両栓・片栓について

電気車両の運転には制御装置や空気ブレーキ装置などが不可欠で、電車では台枠から上面を客室として提供し、電気部品や空制部品は床下にぎ装するのが一般的である。国鉄電車の床下機器配置は、東海道本線を基準にして「海側に空制部品、山側に電気部品」の原則が確立されている。これは東海道本線では塩分を含んだ風の当たる海側が一定向きになり電気部品には良くない環境条件であること、どの車両にも設備される空制部品は点検の便を考えると統一された側に配置したほうが望ましいことによるもので、この配置を奇数設計と称している。

奇数設計で山側となる電気部品は制御回路電線が多く、この側に引通し線を配置する方が配線上も有利なことから山側に制御回路の引通し線が配置されている。中間電動車方式では東海道本線東京寄りTc車が奇数設計の基本となるが、このTc車を神戸(門司)寄りの偶数向きにも使用可能なように引通し線を配置した設計と、奇数偶数向きそれぞれ固定使用の設計があり、前者を「両ワタリ」、後者を「片ワタリ」と称している(車両間の引通し線を接続する連結器をワタリ線という)。図53-2は415系0'番台の車間ワタリだが、Tc車は奇数向き・偶数向きの片ワタリ設計になっていることが分かる。

車両間の配線を接続する連結装置は、車両に栓受を設け、

図53-1　車間ワタリ(415系0番台)両ワタリ

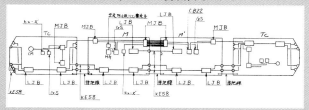

冷房準備工事のクハ411-335を先頭にした423系変則編成　クハ411-335　昭和54年9月　写真：手塚一之

これに適合する栓と電線（ジャンパ線）で接続する「ジャンパ連結器方式」が国鉄電車では一般に用いられていた。車両の栓受を両側に設ける方式と片側に設ける方式があり、前者を両栓、後者を片栓と称している。415系0'番台の車間ワタリを例にみると、Tc-M車間の制御回路ワタリ線（KE76）は両栓構造になっていることが分かる。

　過去に刊行された文献のなかには「片ワタリ」を「片栓」と記述しているものが見受けられる。片ワタリ車と両ワタリ車が在籍していた車両基地ではそれぞれ「片栓・両栓」と称していたケースもあったように記憶しており、必ずしも誤りとはいえないが、奇数向き偶数向きを表現する際は「片ワタリ・両ワタリ」という表現がより正確で望ましい。「片栓・両栓」の表現がかねてより気になっていたので、今回を機に駄弁を弄した次第である。

片ワタリ　写真：福原俊一

図53-2　（415系0'番台）片ワタリ　出典：電車要目表

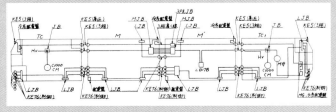

北九州工業地帯を行く423系　昭和48年3月8日　写真：五十嵐六郎

5 昭和46年度の動き－常磐線の複々線化と鹿児島本線特別快速のデビュー

　常磐線は昭和46年4月に綾瀬－我孫子間の複々線化が完成、緩行線の千代田線直通運転と上野－取手間の快速運転を開始し、快速線を運転する中距離電車つまり中電増発用として415系0番台12両が投入された。このダイヤ改正で451系急行「ときわ」の規格ダイヤ化と併せて遜色急行「ときわ」は廃止されたが、季節列車として下記の時刻でしぶとく（？）生き残り53年10月ダイヤ改正で廃止されるまで運転された。

東京乗入れは昭和48年3月まで行われた
昭和40年4月5日　写真：巴川享則

下り ときわ２号（6411M）　上野 8:20 → 水戸 10:10（休日運転）

　山陽本線岡山開業に伴う47年3月ダイヤ改正で都市間輸送の快速運転が拡充され、鹿児島本線も従来の快速に加えて小倉－博多間55分運転の特別快速が新設された。車両の新製投入は行わず現有車両で対応したが、特別快速は423系の限定運用が組まれ9時から19時台まで1時間ヘッドで設定された。鹿児島本線は45年10月に熊本－鹿児島間が電化開業していた。421・423系は熊本以南に乗入れることはなかったが、このダイヤ改正で八代まで運転区間が延伸された。また遜色急行「ゆのか」「ぎんなん」もこのダイヤ改正で475系に置替わり廃止された。

6 昭和49年度の動き－常磐・日豊本線の輸送改善

　昭和47～48年度は大きな動きはなかったが、50年3月の山陽新幹線博多開業に伴うダイヤ改正で、常磐線中電増発と異常時特発用として28両、北九州地区は日豊本線の客車列車電車化・快速増発用として0'番台20両が投入された。異常時特発用というのは、48年3月に発生した上尾事件を教訓に列車遅延時の特発用編成を上野口に確保した対策で、

山陽本線下関駅での
連結作業
昭和54年1月
写真：三浦　衛

99

長崎本線の415系　昭和60年6月11日　写真：五十嵐六郎

東北・高崎線115系に続いて常磐線中電も尾久に1編成が留置されるようになった。

7 昭和51年度の動き─長崎本線・佐世保線の電化

昭和51年7月、鹿児島・日豊本線とともに九州の幹線である長崎本線・佐世保線の電化が開業した。このダイヤ改正で485系特急「かもめ」「みどり」が運転を開始したが、415系一族も肥前山口で分割併合する博多─長崎・佐世間の快速1往復が設定された。

図55　「交通公社の時刻表」昭和51年7月号の長崎本線・佐世保線快速

江戸川を渡る415系100番台　昭和54年6月3日　金町―松戸　写真：福原俊一

宇部線を走る415系一族　昭和52年9月8日　琴芝　写真：五十嵐六郎

06 415系100・500・700番台の概要

1 415系100番台製作のいきさつと概要

　昭和53年10月に東日本の主要幹線を中心としたダイヤ改正が実施された。この改正で北九州地区の輸送力増強用として、また当時陳腐化が著しくなっていた401・421系量産先行車の取替用として415系が増備されることになった。一方、52年度に増備された115系1000番台で実施されたシートピッチ拡大などのサービス改善施策は好評を持って迎えられたことから、同様な改良が近郊形電車全般に反映されることになり、さらに汚物処理の地上設備能力の問題から奇数向きTc車の便所を廃止し、編成中の便所数を4両編成で1箇所に削減などの設計変更も併せて実施されることになった。こうして415系にとって第2世代ともいうべき新たなグループの100番台が誕生した。

（1）旅客サービス面から要望の強かったクロスシートのピッチを急行形電車と同一の1490mmに拡大するなど寸法・形状を改良し、掛け心地改善を図った。これに伴い側出入口間隔の寸法と窓配置を変更した。

誕生間もない
415系100番台
昭和54年1月
写真：三浦　衛

表20　415系100番台 主要諸元

		モハ415	モハ414	クハ411		サハ411
電気方式		直流1500V・交流20000V（50Hz・60Hz）				
最高運転速度（km/h）		100				
定員（座席）		120 (72)	120 (72)	114 (65)	112 (62)	120 (72)
自重（t）		41.2	45.4	34.0	40.7	38.4
車体	構体	鋼製				
	連結面間長さ（mm）	20000				
	車体幅（mm）	2900				
	屋根高さ（mm）	3654				
	床面高さ（mm）	1225				
	パンタ折り畳み高さ(mm)	4140				
	座席配置	セミクロスシート				
	出入口幅（mm）×数	1300 両開×3				
	主な車体設備			和式便所		
空調装置	方式（形式）	天井集中（AU75B）				
	容量（kcal/h×数）	42000×1				
台車	方式	コイルばね				
	形式	DT21B		TR62		
	歯数比	17:82 = 4.82		—		
制御方式		直並列抵抗制御・弱界磁励磁				
性能 （電動車1組 の定格）	出力（kW）	960				
	速度（km/h）	52.5				
	引張力（kg）	6690				
主電動機	方式	直流直巻				
	最弱め界磁率（%）	40				
	駆動方式	中空軸平行カルダン				
	形式	MT54D				
パンタグラフ	枠組み	菱形（アルミ）				
	形式	PS16B [PS16C]				
主制御器	方式	電動カム軸式				
	形式	CS12G				
主抵抗器	方式	強制風冷式				
	形式	MR61				
主変圧器	方式		送油風冷式			
	形式		TM20			
主整流器	方式		単相ブリッジ式			
	形式		RS22A			
補助電源装置	方式			MG		MG
	出力（種別・電圧）			3相交流 440V		3相交流 440V
	出力（kVA）			160		160
	形式			MH135-DM92		MH135-DM92
電動空気圧縮機	方式			単動ベルト駆動	単動ベルト駆動	単動ベルト駆動
	形式			MH80A-C1000	MH80A-C1000	MH80A-C1000
ブレーキ方式		発電ブレーキ併用電磁直通ブレーキ				
記事			[ ]は九州向け	奇数番号車	偶数番号車	

（2）客室荷物棚棒・腰掛ケ込板のステンレス化など客室内の無塗装化を図ったほか、車体中央部の通風器取付位置を冷房装置から離れた位置に変更し通風効果改善を図った。
（3）便所は腐食防止のためFRPユニットとし、便所明かり窓は特急車両のそれと同一形状に変更した。また循環式汚物処理装置を準備工事とした。
（4）台枠機器配置は従来車のそれを踏襲し、

奇数向きTc車は100番台、偶数向きTc1車は200番台とした。また電磁弁などのブレーキ部品を集約してユニット化し、飛石防止や取扱い容易化を図った。

　415系シートピッチ改善車の番台区分は2000番台とする案があったが、結果的には100番台がおこされた。この経緯を当時の車両設計事務所電気車グループで電車の設計を

図56　形式図（モハ414形100番台）　出典：電車形式図1984

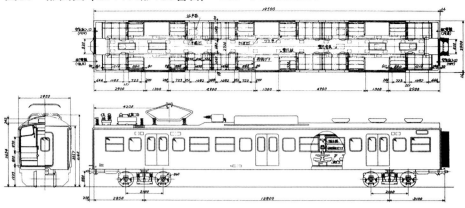

図57　形式図（クハ411形200番台）　出典：電車形式図1984版

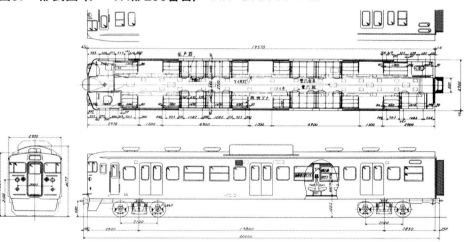

担当した松田清宏氏（平成27年5月現在・四国旅客鉄道取締役会長）にお聞きしたところ、近郊形シートピッチ改善車の番台を統一するため車両設計事務所は2000番台を提案したが、在来の415系に対してインフレナンバーすぎるという意見があったことから100番台を付与したと語った。113・115系では1000番台が既におこされているため2000番台としても無理がないのに対し、415系で2000番台をおこすと従来車から極端に番号が飛びすぎるという意味である。

0'番台のTc車は300番台が使用されているため、番号上は頭がつかえた格好になるが、所要両数を考慮するとTc車は100・200番台を超えることはない（クハ115形1000番台偶数向きTc車のように、1001〜1099に続いて1201以降が増備されることはない）との考えだった。裏を返せば、415系誕生当初に計画された改番計画が名実ともに放棄されたといえるのかもしれないが……。

モハ415形100番台（1・3位側） 写真：福原俊一

図58　台枠機器配置図（モハ415形100番台）　出典：電車要目表

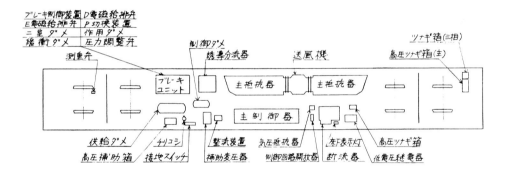

モハ415形100番台（2・4位側）　写真：福原俊一

モハ414形100番台(1・3位側) 昭和58年1月1日 写真:福原俊一

図59 台枠機器配置図(モハ414形100番台)　出典:電車要目表

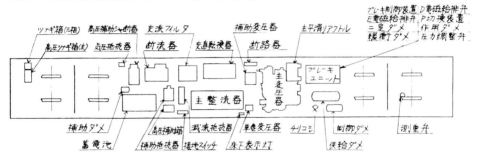

モハ414形100番台(2・4位側) 昭和62年5月5日 写真:福原俊一

クハ411形100番台　写真：福原俊一

図60　台枠機器配置図（クハ411形100番台）　出典：電車要目表

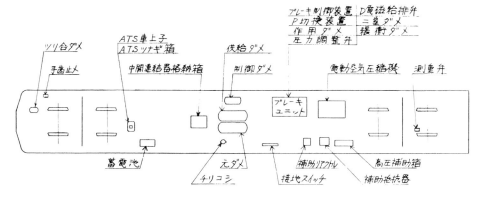

DT21台車　写真：福原俊一
取材協力：JR九州小倉総合車両センター

台車に主電動機と歯車箱を装荷したところ
写真：福原俊一

クハ411形200番台　昭和59年8月4日　写真：福原俊一

図61　台枠機器配置図（クハ411形200番台）　出典：電車要目表

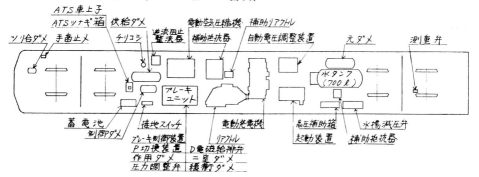

415系ブレーキ弁と試験装置　写真：福原俊一

PS16パンタグラフ　写真：福原俊一

MR61主抵抗器　写真：福原俊一

2 増備車の設計変更点（415系100番台）

　415系100番台は昭和53年度から58年度まで総計104両が製造された。以下、鉄道愛好家の関心を惹くと思われる設計変更点を述べてみたい。

・昭和58年度本予算車

　415系の増備車は昭和53年度から後述する500番台に移行したが、58年度本予算発注車24両のうち8両は常磐線中電15両化を考慮してセミクロス車で投入され、100番台としては3年ぶりの増備車が新製された。車体設備は500番台と同様な設計変更が実施され、室

サハ411形（MG付）　写真：福原俊一

サハ411形（MGなし）　昭和59年9月16日　写真：福原俊一

表21　415系100番台 製造予算 一覧

製造予算・製造年度	両数	モハ415	モハ414	クハ411	サハ411	記　事
52年度第2次債務	48	101～112	101～112	101～112	201～212	昭和53年10月ダイヤ改正　九州地区輸送力増強用 401・421系1次車置替用
53年本予算	16	113～116	113～116	113～116	213～216	昭和53年10月（54年3月）ダイヤ改正 常磐線中電増発用
53年度第1次債務	12	117～119	117～119	117～119	217～219	昭和54年10月ダイヤ改正　日豊本線鹿児島電化用
53年度第3次債務	4	120	120	120	220	昭和54年10月ダイヤ改正　日豊本線輸送力増強用
54年本予算	4	121	121	121	221	403系事故廃車補充用
54年度第2次債務	20	122～126	122～126	122～126	222～226	昭和55年10月ダイヤ改正 長崎本線・佐世保線電車化用
58年度本予算	8	127・128	127・128		1～4	昭和59年2月ダイヤ改正　401系置替用

415系500番台　昭和57年　写真：五十嵐六郎

内色はクリーム色、腰掛モケットはロームブラウンを基調として落ち着いた雰囲気を持たせ、押込式通風器をFRP製とし省力化と腐食防止が図られた。

このグループで発注された近郊形交直流電車初のサハ411（T1車）は、将来の15両化時の7両編成への組み入れを考慮して新製されたものでMG・CPが取付けられたが、新製当初は暫定的に在来の403（415）系4両ユニットに組み入れた8両で組成されたため、MG数が過剰になることから奇数番号車（サハ411-1・3）はMG取付準備工事で落成した。番号は100番台とせず0番台がおこされたが、これはモハ166やクハ180のように「同一形式に異なるものがなければ1から付ける」考えにしたがったものであった。

3　415系500番台製作のいきさつと概要

401系は常磐線中電で活躍を続けたが、初期の車両は昭和50年代中盤には老朽化が著しくなり、主変圧器にPCBが使用されていることもあって早期の置替えが必要になっていた。従来の通勤形電車はロングシート、近郊形電車はセミクロスシートが設備されていたが、国鉄本社内に設置された経費節減委員会で一般車両のロングシート化が検討された。ロング化により定員は約20％増加し、大都

図62　形式図（クハ411形600番台）　出典：電車形式図1984版

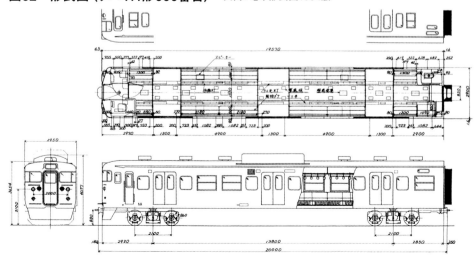

市圏では混雑緩和、地方線区では編成両数削減などの効果が得られるため、経理サイドからはロング化が強く要請されるようになっていた。反面、ロング化は乗客にとってサービスダウンに映ることも想定され、実施には充分な配慮が必要と考えられた。

一方、私鉄との競合線区では117系のように良質な転換クロスシートが望まれる背景もあり、401・421系で確立した3扉セミクロス構造（と書くと、70系スカ形やモハ51形を忘れるなとの指摘が出るだろうが…）を見直す時期にいたっていた。これらの状況を考慮に入れ、55年度には通勤時間帯の乗車率が250％に達していた常磐線中電の401系取替用車両でロングシートが試行されることになり、100番台の基本構造を踏襲して座席配置を変更した500番台が56年度に誕生した。

（1）車体構造は従来車を踏襲し、運転室や側出入口・側窓などの割付は100番台と同一とした。車体の経年劣化対策として、ポリウレタン系樹脂系塗屋根材への変更、外板腰下部約400mmのステンレス化、側出入口部の連続溶接化など他系列で実施された改良

を施した。
（2）ロングシートの形状は奥行きを深く座面高さを低くして掛け心地改善を図った。混雑の激しい通勤・近郊形電車の室内色は寒色系を基調としていたが、500番台では201系と同様にクリーム色を基調とし、腰掛モケットはロームブラウンを基調として落ち着いた雰囲気を持たせてイメージチェンジを図った。また押込式通風器をFRP製とし省力化と

表22　415系500番台 主要諸元

		モハ415	モハ414	クハ411	
電気方式		直流1500V・交流20000V（50Hz・60Hz）			
最高運転速度（km/h）		100			
定員（座席）		148（60）	148（60）	136（55）	130（53）
自重（t）		41.4	44.5	33.3	40.5
車体	構体	鋼製			
	連結面間長さ（mm）	20000			
	車体幅（mm）	2900			
	屋根高さ（mm）	3654			
	床面高さ（mm）	1225［1200］			
	パンタ折り畳み高さ（mm）	4225			
	座席配置	ロングシート			
	出入口幅（mm）×数	1300 両開×3			
	主な車体設備				和式便所
空調装置	方式（形式）	天井集中（AU75B）			
	容量（kcal/h×数）	42000×1			
台車	方式	コイルばね			
	形式	DT21B		TR62	
	歯数比	17:82＝4.82		−	
制御方式		直並列抵抗制御・弱界磁励磁			
性能 （電動車1組 の定格）	出力（kW）	960			
	速度（km/h）	52.5			
	引張力（kg）	6690			
主電動機	方式	直流直巻			
	最弱め界磁率（％）	40			
	駆動方式	中空軸平行カルダン			
	形式	MT54D			
パンタグラフ	枠組み	菱形（アルミ）			
	形式	PS16B			
主制御器	方式	電動カム軸式			
	形式	CS12G			
主抵抗器	方式	強制風冷式			
	形式	MR61			
主変圧器	方式	送油風冷式			
	形式	TM20			
主整流器	方式	単相ブリッジ式			
	形式	RS22A［RS49］			
補助電源 装置	方式				MG
	出力（種別・電圧）				3相交流440V
	出力（kVA）				160
	形式				MH135-DM92
電動空気 圧縮機	方式			単動ベルト駆動	単動ベルト駆動
	形式			MH80A-C1000	MH80A-C1000
ブレーキ方式		発電ブレーキ併用電磁直通ブレーキ			
記事				奇数番号車	偶数番号車

［］は58年度第4次債務車以降

クハ411形500番台
昭和59年8月4日
写真：福原俊一

腐食防止を図った。
(3) 台車は従来車と同様なコイルばね台車としたが、ロング化による荷重増加を考慮して、まくらばね・軸ばねのばね定数を変更した。また重量軽減の見地からブレーキユニットの箱を廃止した。
(4) 電気機器は100番台のそれを踏襲したが、電動車の重量バランスをとるため、モハ414の蓄電池・付属装置をモハ415に移設した。

◇

日本国有鉄道建設規程で在来線旅客車は軸重13tを設計目標とし14tを限度とすると定められていた。415系500番台で蓄電池をモハ415に移設したのはモハ414の定員乗車時の重量が52tを超えてしまうための処置で、100番台に比較して約1tの軽量化が図られた。

従来の直流・交直流電車の屋根には絶縁屋根布が使用されていたが、剥離した部分から

図63　客室見付（415系500番台）　出典：415系500番台説明書

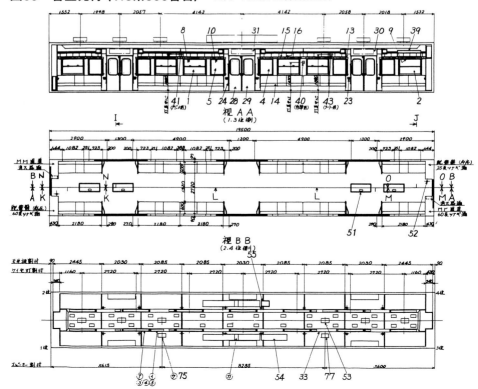

112

モハ415形500番台　昭和61年7月6日　写真：福原俊一

図64　台枠機器配置図（モハ415形500番台）　出典：電車要目表

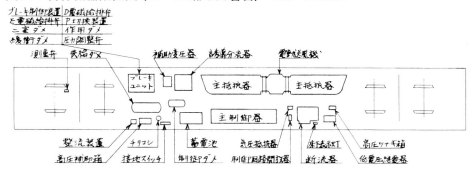

雨水が浸入して腐食するなどの欠点があった。旅客車の車体腐食防止対策の一環として、ポリウレタン樹脂を重ね塗りし表面に滑り止めの硅砂を付着させた塗屋根方式が開発され、185系で試験的に採用された。価格面・重量面などでやや不利（屋根布に比較して

1両あたり約120kg重量増）となるが、腐食防止面で優れた方式だったことから新形式車や増備車、さらには後の特別保全工事車にも採用されることになり、415系ではこのグループから屋根布がポリウレタン樹脂の塗屋根に変更された。

図65　ロングシートの寸法比較　出典：車両の話題166（昭和56年10月）号

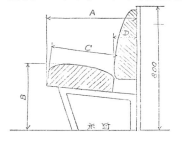

項目 \ 種別	1	2	3
寸法 A	500 mm	550 mm	600 mm
寸法 B	430	430	400
寸法 C	430	430	460
寸法 D	90	130	140
適用車種	101、103系 113、115、401系 及び35、36系	103、113、115 301、415、417系 50系客車 及び60、67、68系	105系 今回採用
記事	35年～46年	44年度 301系 46年1次 113 以後 48年2次 415系	56年製 105系

113

モハ414形500番台　昭和60年3月24日　写真：福原俊一

図66　台枠機器配置図（モハ414形500番台）　出典：電車要目表

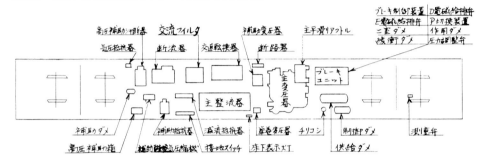

4　増備車の設計変更点（415系500番台）

　415系500番台は昭和56年度から58年度まで総計104両が製造された。以下、鉄道愛好家の関心を惹くと思われる設計変更点を述べてみたい。

・昭和57年度第4次債務車

　常磐線中電は58年度からクリーム色10号を基調に青20号の帯を入れた新しい外部色に変更されたが、415系新製車も本グループから新塗色で落成した。

・昭和58年度第4次債務車

　主整流器は、同時に発注された700番台（詳細は後述）と同様に自走風冷式のRS49に変更したほか、乗降時のプラットホームとの段差を小さくするため、床面高さは201系など通勤形電車と同様に1200mmに変更（床厚を70mmから45mmに変更）された。また循環式汚物処理装置が新製時から取付けられた。

　いわゆる東海形スタイルは中長距離電車の顔として急行形電車や近郊形電車に踏襲され、415系もそのスタイルが踏襲されていた。しかし59年度以降に誕生した新形式の211系や415系1500番台は新たなスタイルにモデルチェンジされ、結果的に本グループで発注されたクハ411の4両が「正統派東海形スタイル」の最終増備車となった。

5　415系700番台の概要

　昭和60年に実施される常磐線中電15両化用、老朽401系置替え用などに415系が78両増備された。セミクロス車で組成する7両基

415系500番台
提供：日本車輌

表23　415系500番台 製造予算 一覧

製造予算・製造年度	両数	モハ415	モハ414	クハ411	記　事
56年度本予算	36	501～509	501～509	501～509	401系置替用
56年度第2次債務	12	510～512	510～512	510～512	昭和57年11月ダイヤ改正　常磐線電車化用
57年度第4次債務	16	513～516	513～516	513～516	昭和59年2月ダイヤ改正　常磐線中電輸送力増強用
58年度本予算	16	517～520	517～520	617～620	昭和59年2月ダイヤ改正　401系置替用
58年度第4次債務	16	521～524	521～524	621～624	昭和60年3月ダイヤ改正　常磐線中電15両化用

本編成用として車端部をロングシート化するなどの設計変更が施された新たなグループ700番台が誕生した。
（1）車体設備は100番台増備車（58年度本予算車）を基本としたが、基本編成の定員を増加させるため車端部をロングシートに変更した。
（2）床面高さは58年度第4次債務発注の500番台と同様の1200mmとし、従来車では冷房風道が客室内に突き出していた天井は201系と同様な平天井に形状を改良した。
（3）台枠機器配置は100番台を踏襲し、蓄電池はモハ414に取付けた。また基本編成に組み入れるため、T1車にはMG・CPを取付けた。

図67　形式図（モハ414形700番台）　出典：電車形式図1984版

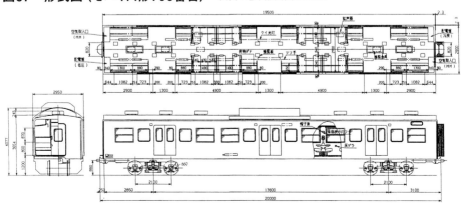

モハ415形700番台　昭和60年1月4日　写真：福原俊一

表24　415系700番台 主要諸元

			モハ415	モハ414	サハ411
電気方式			直流1500V・交流20000V（50Hz・60Hz）		
最高運転速度（km/h）			100		
定員（座席）			132 (68)	132 (68)	132 (68)
自重（t）			41.0	44.9	37.9
車体	構体		鋼製		
	連結面間長さ（mm）		20000		
	車体幅（mm）		2900		
	屋根高さ（mm）		3654		
	床面高さ（mm）		1200		
	パンタ折り畳み高さ（mm）		4225		
	座席配置		セミクロスシート		
	出入口幅（mm）×数		1300 両開×3		
	主な車体設備				
空調装置	方式（形式）		天井集中（AU75E）		
	容量（kcal/h×数）		42000 × 1		
台車	方式		コイルばね		
	形式		DT21B		TR62
	歯数比		17:82 = 4.82		−
制御方式			直並列抵抗制御・弱界磁励磁		
性能 （電動車1組の定格）	出力（kW）		960		
	速度（km/h）		52.5		
	引張力（kg）		6690		
主電動機	方式		直流直巻		
	最弱め界磁率（%）		40		
	駆動方式		中空軸平行カルダン		
	形式		MT54D		
パンタグラフ	枠組み			菱形（アルミ）	
	形式			PS16B	
主制御器	方式		電動カム軸式		
	形式		CS12G		
主抵抗器	方式		強制風冷式		
	形式		MR61		
主変圧器	方式			送油風冷式	
	形式			TM20	
主整流器	方式			単相ブリッジ式	
	形式			RS49	
補助電源装置	方式				MG
	出力（種別・電圧）				3相交流 440V
	出力（kVA）				160
	形式				MH135-DM92
電動空気圧縮機	方式				単動ベルト駆動
	形式				MH80A-C1000
ブレーキ方式			発電ブレーキ併用電磁直通ブレーキ		
記事					

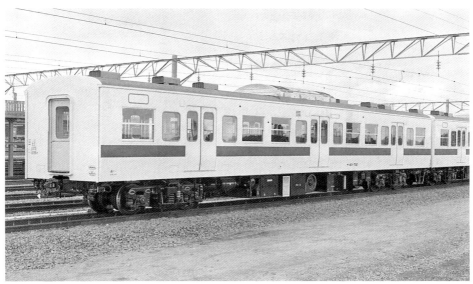

サハ411形700番台　昭和60年1月4日　写真：福原俊一

表25　415系700番台 製造予算 一覧

製造予算・製造年度	両数	モハ415	モハ414	サハ411	記　事
58年度第4次債務	62	701〜723	701〜723	701〜716	昭和60年3月ダイヤ改正　常磐線中電15両化用

エクスポライナー　昭和60年8月　取手－藤代　写真：佐藤利生

Column
415系700番台のRS49主整流器

　415系に使用されたRS22Aは昭和39年度に設計された標準形式の主整流器で、シリコン整流素子の冷却に電動送風機を用いて強制的に風冷する方式が用いられていた。省力化や雪害対策の見地から電動送風機を用いない自然冷却式（自冷式）のRS45Bが開発され、52年度に誕生した417系や54年度に増備された485系1000番台に使用されたが製作費の問題などから本格採用にはいたらなかった。415系は従来車との互換も考慮してRS22Aが使用されていたが、半導体素子の大容量化など技術面で進歩していた50年代後半には見直しの時期を迎えていた。

　700番台に使用されたRS49は、当時の国鉄が置かれた財政状況などを考慮して設計された主整流器で、大容量の半導体素子を使用して構成素子数を削減しコストダウンが図られている。また適用車種をプラットホームが扛上されていない区間には乗入れない近郊形電車に限定し、常磐線双葉→大野間（10‰）、日豊本線宇佐→立石間（15‰）を1ユニットカットで運転可能な条件で負荷パターンを設定することにより、走行風を利用した自冷式を採用し、コストダウンと省力化が図られている。

　一部の文献では700番台の主整流器をRS45Bと記述している。RS45Bは自冷式であるがフロンの気化熱を利用した方式で、RS49の走行風を利用した方式とは異なる。700番台誕生当時の鉄道愛好家向け雑誌に掲載された諸元表にRS45Bと誤って記載されたものを引用したものと考えられるが、これは誤りであることを明記しておこう。

　シリコン整流器（Silicon Rectifier）の形式記号は「RS」と制定され、401・421系からRS1以降の形式が付与された。語源からいえば「SR」だが、すでに接触器の形式記号で使用されていたため、前述の主変圧器と同様な意味合いで「RS」と制定された。なおＳＲの本家である接触器の形式記号は「Remote operating Switch」に由来し、本来ならこちらが「RS」なのである。

モハ414形700番台　昭和62年9月15日　写真：福原俊一

図68　台枠機器配置図（モハ414形700番台）　出典：電車要目表

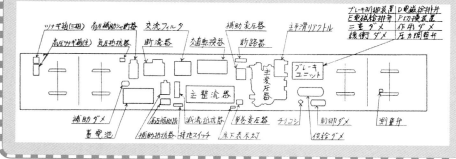

07 昭和53〜60年度の動き

1 昭和53年度の動き―
鹿児島本線の輸送改善と先行試作車の廃車

　昭和53年10月ダイヤ改正で、鹿児島本線の輸送力増強用として415系100番台48両が投入された。また日豊本線は49年4月に幸崎－南宮崎間が電化開業していた。415系は幸崎以南に乗入れることはなかったが、このダイヤ改正で佐伯まで運転区間が延伸された。

　輸送力増強と併せて老朽化していた401・421系先行試作車が置替えられ、激動の生涯に幕を閉じることになった。交直流電車の礎となった意義ある車両ながら保存の声もあが

K1編成引退　　写真：國井浩一

ることなく解体されてしまったが、勝田電車区では引退する試作編成のお別れ会が53年11月に開催され、死出の旅路につくK1編成（クハ401-1編成）を見送った。その後同区では両編成の功績をたたえるように「401系交直流電車発祥の区」と刻まれた記念碑が建立された。

2 昭和54年度の動き―
403系事故廃車とモハ401-26の改造

　昭和54年3月29日、常磐線土浦－神立間で発生した踏切事故に伴い、クハ401-52とモハ402-1が54年度に事故廃車となった。廃車補充用として54年度本予算で1編成4両が発注されたが、損傷が比較的軽微だったクハ401-51とモハ403-1は第1次量産車と差替えられ

勝田電車区に建立された「401系交直流電車発祥の区」記念碑

昭和57年12月5日　　写真：福原俊一

昭和54年10月13日　東折尾－折尾　写真：大塚　孝

大破したクハ401-52　昭和54年3月29日　神立
写真：佐藤利生

表26　ユニット組替え

クハ 401-51	モハ 403-1	モハ 402-1	クハ 401-52
		（事故廃車）	（事故廃車）
↓	↓		
クハ 401-51	モハ 401-26	モハ 400-7	クハ 401-14
		↑	↑
クハ 401-13	モハ 401-7	モハ 400-7	クハ 401-14
（老朽廃車）	（老朽廃車）		

モハ401-26　写真：福原俊一

ることになった。モハ400とユニットを組むモハ403は、主電動機をMT46B取替えなどの改造が施行され、改造後はモハ401の追番（モハ401-26）が付与された。

54年10月ダイヤ改正で日豊本線南宮崎－鹿児島電化開業した。415系100番台12両を北九州地区に投入して一部ローカル電車に使用されていた475系を捻出し、宮崎－西鹿児島間の急行「錦江」電車化に転用された。

常磐線三河島　昭和60年7月28日　写真：福原俊一

3　昭和55年度の動きー
長崎本線・佐世保線の増発

401・421系先行試作車に続いてクモヤ791が昭和55年5月に廃車された。鹿児島本線用交流電車の本命方式として期待されたが保守面等の問題から実用化にいたらず、その後は電車区入換作業等に従事し、47年度には同期電動機とサイクロコンバータを組合わせた無整流子電動機駆動方式の現車試験等が実施されたが、晩年はほとんど使用されず、ひっそりと幕を閉じた。この年の10月に実施されたダイヤ改正は輸送量とかい離していた旅客列車が削減され「減量ダイヤ」と通称されたが、鹿児島本線の特別快速が廃止されたほか、ホーム扛上の完了した長崎本線・佐世保線での増発が実施された。

4　昭和56年度の動きー
特別保全工事の施行

昭和50年代後半には、30年代後半以降大量に新製投入された通勤・近郊形電車が標準使用年数である18〜20年を迎えていた。当時の国鉄の財政事情から投資を抑制しなければならず、車両取替えのピークを平準化する必要に迫られていたことから、延命を目的とした特別保全工事が56年度に設定された。特別保全工事は従来の全般検査等の定期検査に加えて経年劣化対策として
① 屋根布を撤去し、ポリウレタン樹脂塗屋根に取替え。
② 車体外板・雨樋及び側窓枠を取替え。
③ 便所床鋼板及び内張板を張替え。
④ 主回路配線及び空気配管を取替え。
などを集中的に施行することにより、1全検相当の延命（タイムベースで4〜6年）が図られた工事で、423系の一部編成は腰掛モケット取替えなどのアコモデーション改良が併施された。

常磐線中電にはロングシートの415系500番台が投入され、鉄道愛好家向け雑誌によると57年2月から営業運転を開始した。これに

昭和50年代後半まで見られた常磐線ローカル客車列車
昭和57年1月17日　写真：福原俊一

「マイタウン電車」 昭和61年7月24日 写真：福原俊一

伴い401系の置替えがはじまり、車齢の高いいわゆる低窓車の第1次量産車を中心に廃車が本格化した。

5 昭和57年度の動き—常磐線上野口客車列車の置替え

かつては当たり前のように運転されていた東京・上野発着のローカル客車列車も、53年10月以降は常磐線ローカル列車の一部に残されるのみとなっていたが、57年11月ダイヤ改正で電車化されることになった。415系500番台12両の新製投入と異常時特発用の尾久滞泊編成廃止による捻出車12両の計24両で置替えられ、どことなく旅情を漂わせていたEF80牽引ローカル客車列車は常磐快速線から消滅した。

6 昭和58年度の動き—マイタウン電車と常磐線中電新塗色のデビュー

昭和57年11月ダイヤ改正で試行された広島都市圏の輸送改善は10％以上の利用客を誘発し、この成功をきっかけに59年2月ダイヤ改正では全国の中核都市圏で短編成・フリーケントサービスの輸送改善が実施された。鹿児島本線も福間-博多間などで15分ヘッド化されたが、このシティ電車の愛称は公募の結果「マイタウン電車」と決定、PRの意味を込めて4月からヘッドマークが掲出された。415系一族にとっては営業運転開始当初の快速以来久々のヘッドマーク復活となった。

従来の近郊形交直流電車は、ローズピンクの通称が定着した赤13号とクリーム色4号の外部色が継承されてきたが、昭和50年代には暗く感じられるようになっていた。60年に開催される科学万博を機に、常磐線中電はクリーム色10号を基調に青20号の帯を入れた外部色に一新されることになった。在来の401・403系も塗色変更がスタートし、第1号編成がお目見えした58年8月には出発式が実施された。ちなみに中電の外部色は当初、帯をグリーンとする計画だったが、「新幹線リレー号」に使用される185系200番台と上野駅で顔を合わせるため、幻に終わったというエピソードが残された。

7 昭和59年度の動き—常磐線中電の15両化

昭和56年度にデビューした常磐線中電のロング車500番台は59年2月現在では264両中64両まで増備され、付属編成で主に使用されていた。しかし沿線の宅地開発はロング化による輸送力増強のテンポを上回り、57年

403系の新塗装第1号編成　写真：福原俊一

クハ401形(MG付)　昭和60年3月1日　写真:福原俊一

度には通勤時間帯の乗車率が259％に達していたことから、60年に開催される国際科学技術博覧会(科学万博)を機に15両化して輸送増強が図られることになり、日暮里・取手－土浦間などのホーム延伸や土浦電留線新設などが実施された

これに伴い中電は8(4+4)+4両の12両から7+4+4両に編成変更されることになったが、平以遠まで広域で運用される中電では、

東京北局と水戸局でセミクロス車とロング車に対する旅客の志向が異なり、水戸付近でロング車が使用された場合は苦情が寄せられる

表27　昭和57年9月実施のアンケート

	ロング志向	セミクロス志向
東京北局	59%	33%
水戸局	47%	45%

常磐線15両編成　昭和60年9月19日　牛久　写真:佐藤利生

晩年の401系第1次量産車　昭和61年3月1日　写真：福原俊一

して上野口通勤時間外側帯に運転されていたローカル列車が中電に置替えられた。このダイヤ改正で中電は原ノ町まで運転区間が延伸（浪江－原ノ町間は回送）され、これに伴い原ノ町までのホームが扛上されたが「1日1往復の運用だったため、当初は暫定的に出入口部だけ山形にホーム扛上していた駅も一部にありました」と、国鉄本社運転局・JR東日本運輸車両部などで車両運用に携わった國井浩一氏は当時の思い出を語った。後にホーム全体が扛上されたそうだが、民営化後にステップのない651系特急形電車を投入するときホーム扛上の心配はほとんどなかったと補足した。

ことも少なくなかった。そこで15両化された新編成では基本編成をセミクロス車、付属編成をロング車とする方針が決定、基本編成に組み入れる車両はセミクロスの100・700番台が投入された。

　基本編成の7両への組替えは60年1月から順次実施され、1月17日から運転を開始した。この編成替えに伴い一部の基本編成には415系（冷房付）6両＋クハ401（非冷房）1両の編成が誕生した。非冷房クハ401は偶数向きに組成されることから冷房電源用160kVAMGを追設する工事が施行された。

　東北・上越新幹線上野開業に伴う60年3月ダイヤ改正で451系急行「ときわ」は全廃（特急「ひたち」に格上げ）され、451系を使用

8 昭和60年度の動き―
常磐線中電の科学万博輸送

　60年3月ダイヤ改正直後の3月17日から9月16日まで主に茨城県筑波で科学万博が開催され、アクセス駅として万博中央駅が開設された。アクセス輸送の主力は中電を使用した快速「エキスポライナー」だったが、万博

引退間近の421系
昭和61年7月24日
写真：福原俊一

輸送での所要増に対応するため415系を投入し、これにより置替えられた401系は、科学万博輸送に充当された後に廃車する処置がとられた。ところで科学万博開催は60年3月ダイヤ改正から3日後のことだった。

「東北・上越新幹線上野開業が間に合わず、60年3月ダイヤ改正が科学万博開催より遅くなってしまう可能性がありました。万一の場合を考えて在来のダイヤで万博輸送を想定しました」と、國井氏は当時の舞台裏を語った。

エキスポライナー
昭和60年6月15日
写真：福原俊一

エキスポライナー　昭和60年4月6日　写真：小川峯生

08 415系1500番台の概要

1 製作のいきさつと概要

　昭和61年3月ダイヤ改正で実施される常磐線中電の輸送力増強として415系が増備されることになった。前年の60年1月には軽量ステンレス車体・ボルスタレス台車・界磁添加励磁式回生ブレーキ・電気指令式空気ブレーキを採用した新世代の通勤・近郊形電車205・211系が誕生していたことから、今回増備される415系も両系列で採用した技術を可能な限り取り入れた新たなグループ1500番台が誕生した。設計にあたっては

① 車体は軽量ステンレスとし、軽量化・保守費低減と寿命延伸を図った。
② アコモデーション改善のほか客室スペースをできるだけ広くするなど旅客サービス向上を図った。
③ 台車はボルスタレス式空気ばね台車とし、乗り心地向上と台車重量・ばね下重量の軽量化を図った。
④ 補助電源装置のブラシレスMG化や空気圧縮機の三相駆動化など、信頼性の向上と省力化を図った。

を基本的な考え方とした。このグループは、425系といった新形式がおこされても不思議ではなかったが、従来車との併結運転を考慮して主回路や空気ブレーキ装置などは従来車

図69　形式図（モハ414形1500番台）　出典：415系1500番台説明書

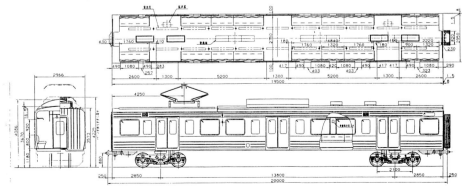

図70　客室見付（415系1500番台）　出典：415系1500番台説明書

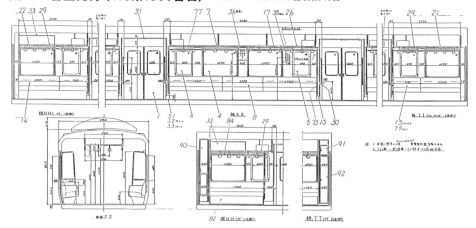

のシステムが踏襲されたため415系が踏襲され、ロングシート車は1500番台、セミクロスシート車は1700番台と番台で区分されている。

2 新製時の概要

（1）構体は211系と同じ軽量ステンレスを採用し、前頭部はFRP製の化粧キセで覆った。車体幅を車両限界一杯の2950mmとしたこと、車端部配電盤スペースを230mm（M'車前位寄りは特高圧ケーブルなどを設けるため430mm）に薄型化したことなどにより客室スペースを拡大し、床面高さは211系と同一の1180mmとした。また外観の飾帯は従来車のイメージを踏襲して青23号とした。

（2）側窓は211系と同様に見晴らしの良い大形の一段下降窓とし、腰掛も211系と同様なバケットタイプとし掛け心地改善を図ったほか、天井も冷房吹出しのラインフロー化など211系と同様な見付に改良した。便所は従来車同様偶数向きTc車に設け、循環式汚物処

図71　形式図（クハ411形1600番台）　出典：415系1500番台説明書

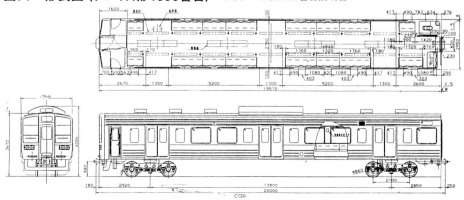

127

1500番台室内　昭和60年3月1日　写真：福原俊一

理装置を取付けた。

(3) 台車は205系と同じボルスタレス式空気ばね台車を採用し、乗り心地向上と軌道への影響軽減のため軽量化を図った。車輪は円弧車輪踏面形状を採用し、曲線通過時の走行性能向上を図った。

(4) 主回路機器は従来車と同様で、主整流器は自然冷却方式のRS49を使用した。補助電源装置は211系と同様にBLMGを採用し、交流区間での脈流対策として補助平滑リアクト

表28　415系1500番台 主要諸元

		モハ415	モハ414	クハ411
電気方式		直流1500V・交流20000V (50Hz・60Hz)		
最高運転速度（km/h）				100
定員（座席）		156 (64)	150 (62)	142 (58)
自重（t）		34.6	37.3	26.0
車体	構体			
	連結面間長さ（mm）			20000
	車体幅（mm）			2950
	屋根高さ（mm）			3670
	床面高さ（mm）			1180
	パンタ折り畳み高さ（mm）		4225	
	座席配置			ロングシート
	出入口幅（mm）×数			1300 両開×3
	主な車体設備			
空調装置	方式（形式）			天井集中（AU75G）
	容量（kcal/h×数）			42000×1
台車	方式			
	形式		DT50C	
	歯数比		17:82 = 4.82	－
制御方式		直並列抵抗制御・弱界磁励磁		
性能（電動車1組の定格）	出力（kW）		960	
	速度（km/h）		52.5	
	引張力（kg）		6690	
主電動機	方式		直流直巻	
	最弱め界磁率（%）		40	
	駆動方式		中空軸平行カルダン	
	形式		MT54D	
パンタグラフ	枠組み		菱形（アルミ）	
	形式		PS16B	
主制御器	方式	電動カム軸式		
	形式	CS12G		
主抵抗器	方式	強制風冷式		
	形式	MR61		
主変圧器	方式		送油風冷式	
	形式		TM20A [TM24]	
主整流器	方式		単相ブリッジ式	
	形式		RS49	
補助電源装置	方式			
	出力（種別・電圧）			
	出力（kVA）			
	形式			
電動空気圧縮機	方式			
	形式			
ブレーキ方式				
記事				奇数番号車

(5) 従来車のCPは容量1000ℓのC1000タイプをTc車・T車に取付けていたが、1500番台では容量の大きいC2000タイプをTc1・T1車に取付けた。

(6) 0'番台以降の増備車は運転室（運転士席後部）のスペースが広く取られていたが、客室スペースをできるだけ広くとることを目標に運転室は車端より1600mmで構成した。0'番台から小窓に変更されていた運転室後部の

写真：福原俊一

	サハ411	クハ415	サハ411
[直流1500V・交流20000V（50Hz）]			
132（55）	132（68）	156（116）	156（64）
33.8	31.1	36.6	30.5
軽量ステンレス			
		20500	20000
		2900	2950
		4070	3670
		1180（一般部）	1180
	セミクロス	固定クロス	ロングシート
		1300 両開×2	1300 両開×3
和式便所			
		天井準集中（AU714）	天井集中（AU75G）
		20000×2	42000×1
ボルスタレス・空気ばね			
TR235C		TR235 G	TR235C
		―	―
BLMG	BLMG		BLMG
3相交流 440V	3相交流 440V		3相交流 440V
190	190		190
DM106	DM106		DM106
誘導電動機駆動	誘導電動機駆動		誘導電動機駆動
MH3075A-C2000M	MH3075A-C2000M		MH3075A-C2000M
発電ブレーキ併用電磁直通ブレーキ			
偶数番号車	1700 番台	1900 番台	1600 番台

[ ]は平成元年度以降の増備車

背面窓も大きくして客室からの見通しを改善した。

（7）台枠機器配置は図74～76の通りで、従来は車体中央部に配置していたM'車の主変圧器は、ステンレス構体を考慮して後位寄りに変更した。

（8）60年度第2次債務車については、サービス改善の見地から車掌スイッチなどを車側に移設し、運転室後部背面窓のさらなる拡大を図った。

図72　運転室見付（415系1500番台）　出典：415系1500番台説明書

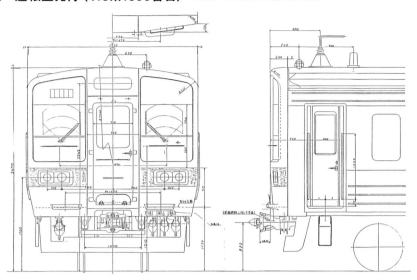

図73　車外設備品取付（415系1500番台）　出典：415系1500番台説明書

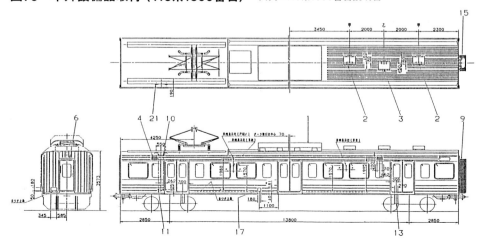

モハ415形1500番台（1・3位側）　昭和62年12月29日　写真：福原俊一

図74　台枠機器配置図（モハ415形1500番台）　出典：電車要目表

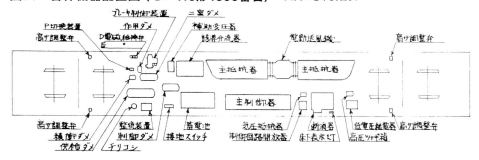

モハ415形1500番台（2・4位側）　昭和61年7月5日　写真：福原俊一

モハ414形1500番台(1・3位側)　平成5年8月8日　写真：福原俊一

図75　台枠機器配置図（モハ414形1500番台）　出典：電車要目表

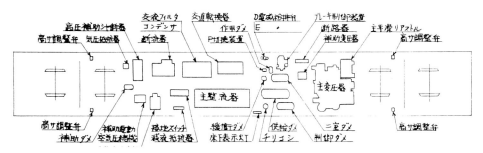

モハ414形1500番台(2・4位側)　平成5年7月4日　写真：福原俊一

クハ411形1500番台　昭和61年7月6日　写真：福原俊一

図76　台枠機器配置図（クハ411形1500番台）　出典：電車要目表

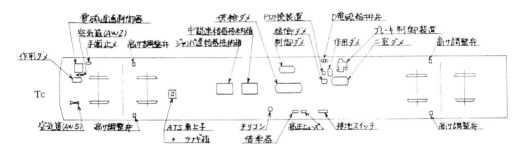

クハ411形1600番台　昭和62年5月5日　写真：福原俊一

表29　415系1500番台 製造予算 一覧

製造予算・製造年度	両数	モハ415	モハ414	クハ411		サハ411	クハ415
59年度第4次債務	8	1501・1502	1501・1502	1501・1502	1601・1602		
60年度本予算	25	1503〜1508	1503〜1508	1503〜1508	1603〜1608	1701	
60年度第2次債務	52	1509〜1521	1509〜1521	1509〜1521	1609〜1621		
昭和63年度	8	1522・1523	1522・1523	1522・1523	1622・1623		
平成元年度	16	1524〜1527	1524〜1527	1524〜1527	1624〜1627		
平成2年度上期	16	1528〜1531	1528〜1531	1528〜1531	1628〜1631		
平成2年度下期	16	1532〜1535	1532〜1535	1532〜1534	1632〜1634		1901

3　昭和60〜61年度の動き―1500番台のデビューと九州色への塗色変更

　1500番台は昭和61年3月ダイヤ改正の常磐線中電輸送力増強用として33両が投入された。1500番台では211系の新技術のうち電気指令式ブレーキの採用も検討されたが、仮にそうなると在来車との併結はできないので、当時の東北・高崎線に投入されていた211系のように限定運用せざるを得なくなる。しかし常磐線は平まで運用区間の奥行きが長く限定運用は難しいことから、在来車と併結できるよう電気指令式ブレーキは断念したと國井氏は語った。限定運用すればステンレス車で編成統一されてイメージアップになったのにと、ちょっぴり残念そうに補足したが、かくして常磐線中電でステンレス車の1500番台と在来鋼製車の併結する姿が見られるようになった。

　翌61年度には北九州地区に残る老朽421系置替え用として1500番台52両が投入されたほか、常磐線中電への1500番台投入に伴い捻出した500番台20両の計72両が投入された。民営化を目前に控えた国鉄九州総局では415系一族の外部色を一新する機運が高まっていた。九州のイメージに合う塗色・飾帯であること、飾帯は二本とすることなどの基本事項にしたがって検討が進められ、車体色は

民営化目前の415系1500番台　昭和62年3月21日　写真：五十嵐六郎

サハ411	記事
	昭和61年3月ダイヤ改正　常磐線中電輸送力増強用 421系置替用
	421系置替用
	401系置替用
	〃
	〃
1601	平成3年3月ダイヤ改正　常磐線中電増発用

ボルスタレス空気ばね台車TR235C　写真：福原俊一

新鮮さ・さわやかさという面から61年3月に転入した415系500番台と同一のクリーム色10号に決まり、飾帯は「太陽と緑」「太陽と海」から緑・青・赤が候補に絞られた。

　小倉工場で現車に塗装し、総局長以下経営会議メンバーが出席した塗色検討会が4月に実施され、緑は平凡すぎること、赤は並行私鉄で使用されイメージがダブることから飾帯は青に決定された。ステンレス車は飾帯を強調する必要があることから一部私鉄で使用されている青26号、在来の鋼製車は青20号より明るい青23号とし、九州のさわやかさを強調するカラーリングが選定された。新塗色編成は61年7月に第1号編成がお目見えした

が、一部編成は試験的に白3号と青20号のカラーリングで出場した。

4　昭和61年度の動き—
401・421系低窓車の廃車とクハ401-101の改造

　415系1500番台の投入に伴い401系の廃車が進められ、科学万博輸送後も残っていた低窓の第1次量産車は昭和61年度までに全車廃車された。一方の421系第1次量産車は61年4月現在では全車健在だったが、415系1500番台・500番台の投入により急速に淘汰が進み、61年度までに全車廃車されてしまった。第1

北九州地区向け1500番台　提供：日本車輌

クハ401-101だけ通風器の形状が異なる編成　昭和62年3月21日　小山　写真：五十嵐六郎

次量産車トップナンバーのA3編成（クハ421-5編成）は民営化後も早岐に留置されていたが、保存されることなく残念ながら解体された。

　一方、61年度には老朽401系置替え用としてクハ115がクハ401に転用された。改造にあたっては交直切換スイッチ取付け・主幹制御器取替えなどのほか、在来のクハ401に合わせてCP追設などが施行されたが、種車の戸閉機械はそのまま使用され、側引戸に取手の残る外観が異彩を放った。改造後の形式番号はクハ401-901で61年11月に落成したが、諸般の事情から62年1月にクハ401-101に改番された。改造種車のクハ115-612はサハ115の先頭車化改造車のため、番号上は4代目となる異色の経歴をもつクハ401-101だったが、平成3年度に廃車された。

◇

　415系一族は初期の車両を中心に淘汰されたものの、JR東日本に401・403系92両と415系247両の339両、JR九州に421・423系147両と415系185両の総勢332両が承継され、昭和62年4月1日を迎えるのである。

扉の引き残りが115系改造車であることを語っている
昭和62年3月21日　小山　写真：五十嵐六郎

さようなら国鉄マークをつけた常磐線電車
昭和62年3月28日　写真：小川峯生

09 冷房改造工事

1 集中式冷房改造工事

　415系は0'番台から冷房付で落成していたが、旅客サービス改善の見地から在来車の冷房改造に着手し、その第1陣として415系0番台の冷房改造が昭和51年度に施行された。主な改造施行内容はAU75系列集中式冷房装置取付けのほか

① 冷房電源と制御・補助電源兼用の160kVA MGと付属装置を偶数向きTc車に取付け、M車の20kVAMGを廃止して補助変圧器を新設した。
② 冷房電源用三相引通し線を追設し、Tc車を片ワタリの固定使用とするなど各車間ワタリを変更した。
③ 冷房配電盤などの機器箱を偶数向きTc車運転士席後部の客室に張り出して新設し、運転室後部側窓を埋め込んだ。

などで、改造後は0'番台と判別しにくい外観に変わった。また保守面を考慮して、前面窓ガラスを熱線入りガラスへの取替え、窓拭き

運転室後部窓が廃止されたクハ401冷房改造車　昭和58年9月10日　写真：福原俊一

冷房改造後のクハ411-335　昭和63年11月19日　大分写真：五十嵐六郎

器を助士席側に取付けなど、0'番台と同様な構造への改造が併施された。415系0番台に続いて423・403系の冷房改造に着手し、415系0番台と同様な内容で改造工事が施行されたが、急行形電車と振替工事が施行されていた主整流器はRS22Aに再び取替えられた。また0'番台の冷房準備工事車クハ411-335も57年度に施行され、415系の全車冷房化が完了した。

2 分散式冷房改造・床置式冷房改造工事

従来の集中式冷房装置は構体・屋根の補強が必要で、改造コストや工数のかかる難点があった。国鉄九州総局は423系を対象に安価で簡易な冷房改造ができるよう、分散式冷房装置を搭載した方式を昭和61年度に開発した。冷房電源は主変圧器2次側出力1500Vを各車両に設けた補助変圧器で220Vに降圧して供給する方式で、従来のMG給電と異なり直流区間では使用できないが、交流区間でのみ使用するという割り切っ

表30　冷房改造車（国鉄・JR各社）

装置種別	国鉄			国鉄・JR九州		JR東日本
	集中タイプ	分散タイプ		床置タイプ		分散タイプ
改造施行車	415・403・423系	423系		421・423系		(クハ401のみ在籍)
形式	AU75系列	AU1X		AU2X		AU712
冷房容量 (kcal/h)	42000×1	9000×4		18000×2		21000×2
冷房電源方式	制御・補助兼用 160kVAMG	主変圧器2次巻線		主変圧器2次巻線		制御・補助兼用 160kVAMG
冷房電源搭載車両	偶数向きTc車	—		—		偶数向きTc車
扇風機	無し	有り（併設）		有り（併設）		有り（併設）
改造初年度	昭和51年度	昭和61年度		昭和61年度		昭和63年度

分散式を装備した編成
昭和61年11月
箱崎―香椎
写真：安田就視

モハ422形（分散式冷房改造車）　平成6年3月11日　写真：福原俊一

た方式として採用された。

　この方式はMG取付工事などが不要となり集中式冷房改造に比べて改造費が約2/3に節減されたが、さらに安価な方式として床置式が開発された。一部私鉄で実績のある方式で、客室車端部にユニットクーラーを設置（天井にダクト新設）し、冷房電源は分散式冷房改造車と同様に主変圧器から供給する方式が踏襲された。側窓を改造した外気取入口と通風器を撤去して取付けた排風装置が外観上の特徴で、床置式冷房装置は前位寄り（Tc車は便所向かいの4位側）に設けられた。客室にユニットクーラーを搭載したため座席定員は減少したが、車体の穴開けが不要なこと、ダクト新設や配管・配線作業も容易なことから、集中式冷房改造に比べて改造費が約1/3に節減された。

　分散式冷房改造・床置式冷房改造工事とも61年度に施行され、床置式冷房改造工事は民営化後のJR九州に引き継がれ、同社に承継された421系も施行され、63年度夏期までに421・423系の冷房化率100％を達成した。なお63年度改造車は床置式冷房装置を千鳥配置に変更し、屋根上の排風装置取付位置も変更された。

クハ421形（分散式冷房改造車）　昭和62年9月　写真：佐藤利生

モハ421形（床置式冷房改造車）　昭和62年12月29日　写真：福原俊一

図77　形式図（クハ421形）　AU1X分散式冷房改造車　提供：JR九州

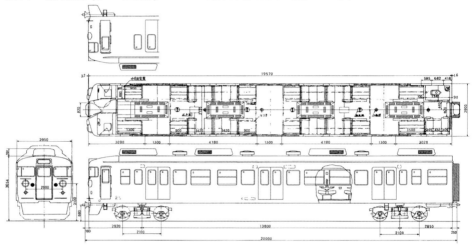

モハ421形（床置式冷房改造車）　昭和63年11月18日　写真：五十嵐六郎

クハ421形(床置式冷房改造車)　昭和62年10月30日　写真：五十嵐六郎

3 JR東日本の冷房改造工事

　JR東日本の冷房改造工事は国鉄時代と同様に集中式で施行されたが、民営化後も冷房化率の進捗状況は従来と変わらなかったため、さらなるサービス向上の一環として冷房化率100％達成に向けて力を注いだ。その一つとして昭和62年度にサハ103に試用した分散式冷房装置で所期の結果が得られたことか

床置式冷房編成　昭和63年11月18日　大分
写真：五十嵐六郎

クハ401形(分散式冷房改造車)　平成10年3月21日　写真：福原俊一

モハ403が分散式、モハ402が集中式で冷房改造されたユニット
平成16年1月20日
写真：佐藤利生

ら、63年度以降は分散式冷房改造工事に切り替えられた。403系も他系列の冷房改造車と同様に63年度下期改造車からAU712で施行された（ただしM'車は集中式冷房装置を搭載）。冷房電源は従来通り偶数向きTc車に160kVAMGが搭載された。なお59年度に改造された非冷房のクハ401冷房電源用MG取付車も分散式冷房改造工事が施行され、平成4年度夏期（上野口は2年度夏期）までに常磐線中電の冷房化率100％が達成した。

平成4年3月7日　平　写真：五十嵐六郎

423系床置式冷房改造車　昭和62年10月30日　長崎　写真：五十嵐六郎

分散式・床置式冷房改造車について
―新海譲次氏に聞く―

（聞き手：福原俊一）

新海譲次氏　略歴
昭和29年生　昭和47年国鉄入社
九州旅客鉄道運輸部車両課などを歴任、
日立製作所九州支社交通システム部担当部長
（平成27年3月現在）

国鉄九州総局は旅客サービス向上のため421・423系の冷房改造に着手したが、従来の集中冷房方式は工期・費用がかかる難点があった。民営化を目前に控えた昭和61年度に、安価で簡易な分散式・床置式冷房方式が開発された。床置式冷房方式は民営化後のJR九州に引き継がれ、63年度夏期までに421・423系の冷房化率は100%を達成したが、国鉄九州総局運転車両課・JR九州運輸部車両課で両系列の冷房改造に携わった新海譲次氏にお話をうかがった。

――分散式冷房改造車が誕生した経緯からお聞かせ下さい。
新海　421・423系の冷房改造に昭和54年度から着手しましたが、従来の集中冷房方式は工期・費用がかかる難点がありました。サービス向上のため冷房化率を上げようという総局の方針もあって、安価で改造規模が小さい方式の検討をはじめました。従来の方式は屋根上の改造だけでなくMG取替えや引通し線改造など電気回りの工事がネックだったので、主変圧器2次側の単相交流1500Vを補助変圧器で単相交流220Vに降圧して給電しようということになりました。この方式は直流区間で冷房が使えませんが、冷房化率をいかにして上げるかが課題だったので、直流区間の運用は割り切ればいいではないかということで、車両運用上は交流区間に封じ込める施策と併せて実現することになりました。

――運転サイドとしては交流区間の封じ込め運用に難色はなかったのですか？
新海　新会社移行に向けて冷房化率を上げるため、短期間で施行できる方法を検討しなければいけません。そのため封じ込め運用でやりましょうという方向性が早めに出たので、その前提で運用を組んでいただきました。

――同時期に415系1500番台が新製投入されたので、運用上はそれほど無理がなかったのでしょうね。ところでAU1X付のモハ422は屋根上機器の関係で偏って搭載されている印象がありましたが。
新海　分散冷房装置はM社が提案された機器を採用しましたが、工事量を抑えるためモハ422は偏って付けざるを得なかったというのが正直なところです。この分散冷房方式は電気回りの工事がほとんど不要になりましたが、屋根上に冷房装置を載せるための構体改造がネックになって、集中冷房方式に比べて工期は2/3程度の短縮といま一つでした。61年度に総局のトップから新会社移行に向けた施策が打ち出され、車両関係では新特急車両開発と冷房化率向上の指示が出されました。早期に冷房化率100%を実現するため、AU1X冷房改造は6編成で中止し、より安価で簡易な方式の検討をはじめたのです。主変圧器から給電する方式は踏襲しましたが、屋根上の工事を簡略化する必要があったので複数社に検討を依頼し、結果的にH社が提案された床置式、これは埼玉新都市交通1000系で実績のある方式でしたが、この床置式冷房装置を採用しました。

――床置式なので客室スペースをつぶすことになりますが、これについてはいかがだった

図78　AU2X冷房改造概要図　提供：JR九州

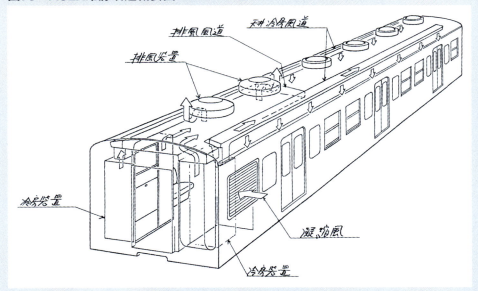

のですか。

新海　客室スペースの議論は当然出ましたが、冷房化によるサービス向上を優先しました。側窓や通風器の開口部を吸気口・排気口として活用したのはH社の提案でしたが、外板の穴開け作業が不要になるなど工事内容が簡便になり、工期も集中冷房方式の半分以下に短縮できました。

――床置式冷房方式は民営化後も施行されますが、63年度改造車から冷房装置の配置を変更しましたね。

新海　床置式冷房装置は3・4位車端部に設け、天井のダクトから冷風を吹出すのですが、ダクトが長いので車端部の効きがいま一つでした。いまでこそ弱冷房車といいますが、当時は寒いくらいに効かせるのが冷房サービスだったので、効きが均等になるように床置式冷房装置の配置を1・4位に変更したのです。

――ところで心苦しい質問ですが、床置式冷房方式もトラブルはあったのでしょうか。

新海　あまり言いたくないのですが、床置式冷房方式は主変圧器から給電するので電圧変動に追随できず、停止してしまうトラブルがありました。それと冷却用外気は車側からですが、リターンを客室から吸い込むことから、モケットの綿ぼこりなどでフィルターが目詰まりしてCPが過負荷になってしまうこともあり、電車区や工場でフィルターを定期的に交換してもらうなど、手を煩わせてしまうことになりました。

――現在では421・423系は全車両が廃車され、分散式・床置式冷房方式もなくなってしまいましたが、いずれも変形車として鉄道愛好家には人気がありました。

新海　鉄道愛好家にとっては変わった格好の車両に見えるかもしれませんが、民営化移行前後の時代にお客様へのサービス向上施策の一つとして、安価で簡易な冷房実現のため苦心して開発した車両です、そのことは忘れないでほしいですね。

――本日は有難うございました。

JR時代の415系一族

鹿児島本線　423系冷房改造編成　平成元年3月19日　春日　写真：福原俊一

宇部線に乗り入れるタウンシャトル415系1500番台　昭和62年9月21日　岩鼻　写真:佐藤利生

山陽本線小郡行タウンシャトル　平成2年5月　新下関　写真：浅原信彦

鹿児島本線　床置式冷房改造車　昭和62年6月　赤間-海老津　写真：浅原信彦

佐世保線で活躍する415系　平成12年7月9日　早岐　写真：五十嵐六郎

福北ゆたか線にも活躍の範囲を広げた415系　平成21年7月11日　直方　写真：五十嵐六郎

高架化された行橋駅に進入する415系　平成23年10月30日　行橋　写真：五十嵐六郎

日豊本線の415系全盛時代　平成23年10月30日　行橋　写真：五十嵐六郎

長崎本線の分散冷房423系　平成3年5月3日　多良　写真：佐藤利生

鹿児島本線　平成15年7月14日　熊本　写真：五十嵐六郎

電化に伴いホームが扛上されていることが分かる
平成21年7月11日　直方　写真：五十嵐六郎

筑豊本線　平成筑豊鉄道との併行区間を博多へ向かう415系　平成21年5月2日　直方－勝野　写真：大塚　孝

福知山線で暫定使用された頃の415系800番台　平成3年7月6日　谷川　写真：五十嵐六郎

475系と併結する415系800番台　平成3年11月1日　七尾　写真：五十嵐六郎

七尾線　平成22年7月2日　写真：五十嵐六郎

地域色をまとう415系800番台　平成26年11月20日　写真：写真：福原俊一

常磐線　平成元年4月29日　馬橋　写真：写真：福原俊一

デッドセクションを行く415系　平成元年4月29日　取手－藤代　写真：福原俊一

403系のAU712冷房改造第1号編成　平成16年1月20日　藤代　写真：佐藤利生

常磐線　線路際に巨大なショッピングセンターができて風景が一変したかつての名撮影地
　　　　　平成18年5月5日　内原－赤塚　写真：佐藤利生

常磐線偕楽園の下を通過　平成13年1月21日　赤塚－水戸　写真：國井浩一

雪の常磐線　平成18年1月22日　取手－天王台　写真：小川峯生

水戸線の415系1500番台4両編成　平成17年2月11日　岩瀬-大和　写真：小川峯生

いわき駅で憩う415系1500番台　平成7年3月20日　写真：五十嵐六郎

上野へ向かう415系鋼製車11両編成　平成13年1月21日　赤塚ー水戸　写真：國井浩一

常磐線北部(震災不通区間)を行く415系1500番台　いわき発原ノ町行普通671M　平成22年11月21日　竜田－富岡
写真：佐藤利生

10 民営化後の変遷（JR東日本）

1 増備車の設計変更点（415系1500番台）

　JR東日本では415系1500番台の増備を続け、昭和63年度から平成2年度まで総計104両が製造された。以下、鉄道愛好家の関心を惹くと思われる設計変更点を述べてみたい。

・昭和63年度増備車

　常磐電中電の老朽401系取替え用に投入したグループで、荷物棚を従来のアルミ製網式をパイプ式に変更し見栄え向上が図られた。

・平成元年度増備車

　老朽401系取替え用に投入したグループで、客室内の主電動機点検フタを廃止し静粛

クハ415形1500番台室内　平成8年2月17日
写真：福原俊一

性の向上が図られた。また主変圧器は同時期に誕生した651系と同じ50Hz専用のTM24に変更された。TM24の構造は従来のTM20と

TM24を搭載したモハ414-1528　平成10年3月21日　写真：福原俊一

常磐線の415系1500番台　昭和64年6月3日　松戸　写真：佐藤利生

同じシリコン油を使用した送油風冷式であるが、3次巻線により補助電源を取る方式（このため補助変圧器を廃止）とし、20％以上の軽量化が図られた。

　国鉄時代の感覚だったら、新形式をおこすか2500番台のような番号に区分される設計変更だったが、分割民営化直後で60Hz区間の北九州地区（JR九州）への転配属は発生しないことから、50/60Hz両用の従来車の追番が付与された。

表31　クハ415形1900番台　主要諸元

		クハ415
定員（座席）		156 (116)
自重 (t)		36.6
車体	構体	軽量ステンレス
	連結面間長さ (mm)	20500
	車体幅 (mm)	2900
	屋根高さ (mm)	4070
	座席配置	固定クロスシート
	出入口幅 (mm) × 数	1300片開×2
	主な車体設備	車掌室
冷房装置	方式（形式）	準集中 (AU714)
	容量 (kcal/h × 数)	20000×2
台車	方式	空気ばね
	形式	TR235H
製造初年度		平成2年度
記事		

・平成2年度下期増備車
　（クハ415形1900番台）

　平成3年3月ダイヤ改正での常磐線中電増発用に投入したグループで、2階建て普通車が試作された。首都圏の遠距離通勤輸送の着席通勤への需要に対応するため輸送力を一定程度確保し、通常の列車として座席数を増加させる方法として、既に東海道本線で使用された2階建てグリーン車の普通車版を試作し、常磐線中電で試行されることになった。2階建て普通車は比較的混雑の少ない水戸寄りに連結する奇数向きTc車として製作され、試作車の意味合いを持たせて新形式のクハ415形1900番台がおこされた。以下にその概要を述べてみたい。

（1）構体は211系2階建てグリーン車と同様な設計思想のバスタブ構造による2階建てとし、2階部は3+2人掛、1階部は2+2人掛のバケットタイプの固定クロスシートを配置した。側出入口は乗降時のスムースさを考慮して1300mm幅両開扉を2箇所に設置した。

（2）空調装置は平屋の両車端部屋根上に取付けたが、定員増を考慮してサロ213に比較

クハ415形1900番台を先頭にした12両編成　平成16年4月10日　藤代　写真：佐藤利生

クハ415形1900番台が先頭の編成　平成8年8月16日　水戸　写真：五十嵐六郎

して容量増大を図った。また階段部を利用した機器室にATS-P装置などを取付けた。

クハ415形1900番台の編成は1500番台4両ユニットに4両連結した格好の8両で組成され、編成中のT車としてロングシートの1600番台が増備された。順当に考えればサハ411形1500番台だが、MG・CPが取付けられたことから1600番台が付与された。クハ415形1900番台とサハ411形1600番台で組成された8両編成は3年3月ダイヤ改正で運転を開始、ラッシュ直後の上り列車のほか、夕刻の下り通勤快速に充当された。

415系の最終増備車となったこのグループのモハ415は、昭和32年6月に落成したモハ90先行試作車以来37年近く製作が続けられ「名機」と呼ぶにふさわしいCS12系列主制御器を搭載した最終増備車でもあった。

クハ415形1900番台（1・3位側）　提供：日本車輌

図79　形式図（クハ415形1900番台）

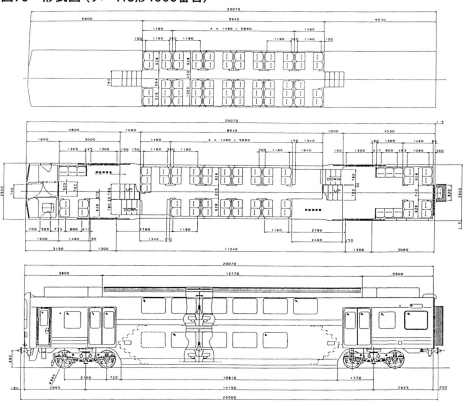

クハ415形1900番台（2・4位側）　写真：福原俊一

サハ411形1600番台　写真：福原俊一

図80　「JTB時刻表」平成3年3月号 常磐線中電通勤時間帯時刻表

2 サハ411形700番台を クハ411形700番台に改造

　常磐線中電は昭和62〜63年度に一部7両編成が8両に増強された。所要となるTc車に充当するため、サハ411形700番台の奇数向きTc車への改造が施行された。415系では唯一の先頭車化改造車で、当初は種車のMG・CPが装備されていたが、奇数向きTc車では不要なことから2年度までにMGが撤去された。

3 ロングシート改造

　常磐線中電の7両基本編成はセミクロス車で組成され、上野寄り（偶数向き）に連結されることになっていた。基本編成の号車ごとの混雑緩和のためハーフロング化（ロング・セミクロス車混在化）への組替が平成元年度から実施された。これと並行して在来セミクロス車のロングシート化改造に着手し、415系も4両編成の両端Tc車のロングシート化改造が勝田電車区で施行された。工事内容は腰掛のロングシート取替え、旧クロスシート部の吊手増設などであったが、ロングシート化

クハ411形700番台（MG撤去後の形態）　写真：福原俊一

は必ずしも好評ではなかったのか、改造車両は元年度の5編成10両にとどまった。

4 廃車及び他社への譲渡

　JR東日本が承継した401・403系は常磐線中電への415系投入により淘汰が進められ、401系電動車は平成3年度に消滅した。415系の増備が一段落した3年度以降は大きな動きはなかったが、VVVFインバーター制御・電気指令式ブレーキを装備した新形式のE501系が7年12月ダイヤ改正から運転開始した。E501系は415系一族と併結できないが、ATS-P導入や上野駅構内分岐器速度向上な

4両編成の415系1500番台　平成8年4月16日　下館　写真：三浦　衛

169

ロングシート改造車室内　平成6年1月22日
写真：福原俊一

どの改良で余力ができたことから、上野－土浦間で限定運用することで誕生した。これで常磐線中電にも電気指令式電車が登場することになったと國井氏は語った。続く9年3月ダイヤ改正のE501系増備で403系が置替えられた。

さらに17年3月から2階建てグリーン車を連結したE531系が10+5両の新編成で投入され、403系だけでなく415系の淘汰もはじまっ

た。401・403系は20年度に消滅したが、403系トップナンバーK26編成の一員として昭和41年7月に落成し、54年に相棒のクハ401-52を失う踏切事故を経てMG取付工事や分散式冷房改造が施行されるなど数奇な運命をたどったクハ401-51が最後まで残った1両だった。

E531系投入のテンポは早く19年3月ダイヤ改正で上野口はすべてE531系化された。これに伴い415系も17年度から淘汰が進められ、0番台～700番台までの鋼製車は20年度までに消滅したほか、1500番台も一部車両が淘汰された。2階建試作車のクハ415-1901は、E531系が営業運転を開始した17年9月ダイヤ改正で運用を離脱して18年3月に廃車され415系唯一の2扉車は消滅した。

◇

JR東日本の415系は上野口から撤退したが、平成27年3月現在も常磐線水戸－竜田間（23年3月に発生した東日本大震災と福島第一原発事故の影響で竜田－原ノ町間は不通）

「ありがとう415系」のマーク　平成19年3月17日　水戸　写真：五十嵐六郎

と水戸線小山－友部－水戸間のローカル列車で、誕生当時と変わらない4両編成や4+4両の8両編成で使用されている。民営化時の継承両数と比較すると大幅に減少し、27年3月ダイヤ改正前にも4編成がE531系に置替えられたが、4月1日現在も1500番台64両が在籍している。なお415系500番台8両と1500番台4両が20年度にJR九州へ譲渡されている。

譲渡車両の輸送　平成20年12月22日
高萩・常磐多賀　写真：五十嵐六郎

JR東日本の新形車両と並ぶ415系
勝田車両センター
平成27年3月23日
写真：福原俊一

JR東日本クハ415形1900番台について
－佐藤裕氏に聞く－
（聞き手：福原俊一）

佐藤裕氏　略歴
昭和29年生　昭和54年国鉄入社
JR東日本 執行役員 八王子支社長
（平成27年3月現在）

JR東日本は発足間もない時期から快適な通勤輸送を目指し、2階建てグリーン車を投入したほか、遠距離通勤客の多い常磐線中電では座席数の多い2階建て普通車を平成3年3月ダイヤ改正で試行した。当時の運輸車両部車両課に在職して在来線電車の基本計画と全体のとりまとめを担当した佐藤裕氏に、クハ415形1900番台など快適通勤を志向した車両を開発した当時のお話をうかがった。

――クハ415形1900番台誕生当時の背景からお聞かせ下さい。

佐藤　私は平成元年に本社車両課の課長代理を拝命しました。当時は「快適通勤」と「混雑緩和」の施策に取り組んでいて、「快適通勤」としては通勤・近郊電車の冷房化を推進するため分散式冷房装置を開発し、平成4年度に首都圏の通勤・近郊電車は100％冷房化を達成しました。一方の「混雑緩和」として遠距離通勤のお客様に座って通勤いただくためにどうするかということで、平成元年3月から東海道・横須賀に2階建てグリーン車を投入しました。2階建てグリーン車は定員が増えたこともあって好評をいただきましたが、これに続いてトップからの方針で2階建て普通車の勉強をはじめました。東海道・横須賀線などで試行するのは難しいので、輸送サイドと詰めて常磐線中電で試行を決めたように記憶しています。

――それで415系に2階建て普通車クハ415形1900番台が誕生したのですね。その少し前に山手線のサハ204形6扉車が誕生しましたが、座席定員という意味では対極に位置する車両ですね。

佐藤　当時は小田急さんがワイドドアを投入していましたが、サハ204も混雑を緩和してお客様の乗降時分を短くして1本でも多く走らせられるようにと、輸送サイドとタイアップして作った車両でした。山手線の一番混雑して乗降時分のかかっている号車に入れましたが、最初に乗降が終了するようになって混雑緩和できました。

――ところで1900番台の設計にあたり苦労された点をお聞かせ下さいますか。

佐藤　構体の基本構造は2階建てグリーン車と同一で、窓割りと出入口を変えた程度ですが、一番苦労したのは階段部の作りとドアの取り合いでした。螺旋階段だと混雑しているときに立っているお客様もいらっしゃるだろうし、椅子代わりに座られることもあるだろう、直線状の方が降りやすいと考えたのです。

――1900番台は混雑度の比較的低い勝田寄り（奇数向き）Tc車に連結しましたが、混雑時には平屋部に立っていただこうと想定されたのですか。

佐藤　普通車なのでお客様が立つことを意識しなければなりませんでしたから、階下部にもお客様が立つことを想定しました。最初は物珍しさもあって立って乗っているお客様もいましたが、実際にはそんなに混まなかったはずです。

――1900番台は実績がよければ増備しようという考えはあったのですか。

佐藤　とりあえず1両試行してみようという考えで、全体の輸送には影響を与えないよう

常磐線の415系1500番台8両編成　平成14年9月3日　内原一赤塚　写真：國井浩一

な配置にしました。試行してみて構造的にできることは分かりましたが、東海道・横須賀線の輸送量では立っているお客様を考えると乗降時間がかかってしまうのでチョッと無理だということも分かりました。ただ料金の不要なライナーはできることは分かり、これもトップの方針でしたが、オール2階建ての215系につながっていくのです。

——1900番台は215系の先行試作的意味合いもあったのですか。

佐藤　そうではありません、215系中間車の構体は2階建てグリーン車を基本にしていますから。215系で一番苦労したのは電動車をどう作るかでした、当初は平屋にして中間6両を2階建てにしようという案もあったのですが、それでは平凡なのでオール2階建てにしようと。しかし電気機器を置くスペースがありません、結局先頭のクモハに電気機器を搭載してユニットを組むモハは2階建てとして電気機器のないはじめての電動車で構成し、「オール2階建て風」にしました。当時は界磁添加励磁制御のMM'ユニット方式でしたが、両車で自重が異なるため粘着は苦労しました。八王子支社では休日の快速「ビューやまなし」で今も215系を有効に使っています。多客時も1本運転すればホームでお待ちの多くのお客様が乗車できますので。

佐藤　これからは人口が減少してお客様が減っていく時代に入ると言われていますが、都心中心部が急激に減るとは思えないので、グリーン車を入れて編成長を伸ばすなど地道な積み重ねで少しでも快適な通勤を、さらに乗り換えの利便性など車両だけでなく輸送全体として快適通勤を作り上げていかなければと思っています。

——利便性というキーワードは、平成27年3月に開業した上野東京ラインなどですね。中央快速にもグリーン車が連結されると平成27年2月に報道発表されましたが。

佐藤　中央快速を12両にしてグリーン車を連結するサービスを2020年度から開始する予定です。車両を増備する前に大部分のホームを12両停車できるよう延伸しなければならないので実現するのはまだ先ですが、快適通勤が提供できればと思っています。

——中央快速の12両運転を楽しみにしています。本日は有難うございました。

JR東日本クハ415形1900番台について
－町田一善氏に聞く－
（聞き手：福原俊一）

町田一善氏　略歴
昭和31年生　昭和52年国鉄入社
JR東日本運輸車両部車両技術センター 課長
（平成27年3月現在）

JR東日本は発足間もない時期から快適な通勤輸送を目指し、2階建てグリーン車が投入されたほか、遠距離通勤客の多い常磐線中電では座席数の多い2階建て普通車が試行された。415系一族のなかで唯一の2階建て車両クハ415形1900番台は平成3年3月ダイヤ改正で運転を開始したが、E531系の投入により17年度に運用を離脱し廃車された。同社運輸車両部車両課で1900番台の設計に携わった町田一善氏にお話をうかがった。

——クハ415形1900番台が誕生した経緯からお聞かせ下さい。

町田　東海道と横須賀・総武快速に投入した2階建てグリーン車はお客様に好評で成功を収めました。首都圏では常磐線中電も遠距離通勤のお客様が多いのですが、当時はグリーン車が連結されていなかったので、普通車の座席数をどうやって増やすかという議論が出てきたのです。グリーン車と同様2階建てにすると構造上2扉となります、その場合昼間時はともかく朝のピーク時スムーズに利用いただけるだろうかという問題があり、これについては実際に検証してみないと分からないので、実際の営業列車でお客様の流動を見るために試行してみようということで1900番台を開発することになりました。

——諸外国の通勤車両には2階建て車両がありますが、設計にあたりそれらは参考にしたのですか。

町田　諸外国の事例は本で読んだりしましたが、車両限界や輸送量が違うのであまり参考にはなりませんでした。当時は2階建て電車20100系が在籍していたので、2階建てグリーン車の設計にあたり近鉄さんにお願いして五位堂検修車庫まで見に行かせてもらったり、実物大のモックアップを製作し検証を行いました。

——2階建てグリーン車は近鉄の修学旅行電車「あおぞら」を参考にされたのですね。2階建てグリーン車は中間車で製作されましたが、こちらは先頭のTc車になりました。

町田　連結位置の議論は最初にありました。2階建てにして座席数を増やすのが主目的ですから中間車が望ましいのですが、電動車としては成立しないので必然的にサハになります。しかし当時の常磐線中電は7+4+4の15両で、サハを組み入れた7両基本編成は混雑する上野寄りに組成されていました。そこに2階建て普通車を組み入れたときの影響は把握できないという面があり、当時の編成を考えて4+4の8両固定編成を作り、なおかつ混雑度の比較的低い勝田寄り（奇数向き）Tc車とすることに落ち着きました。

——1900番台の車体構造は2階建てグリーン車を基本にしたのですか。

町田　1900番台の基本構造は2階建てグリーン車と同様で、車体断面形状も同じです。ただ普通車なので出入口を広い両開扉にしたとか階段形状をカスタマイズしました。2階建てグリーン車は居住性を考えて螺旋階段方式にしましたが、多数のお客様の乗降には不向きと考えてストレートな階段に変更したのです。

——1900番台の車体幅は2階建てグリーン車

図81 車両限界

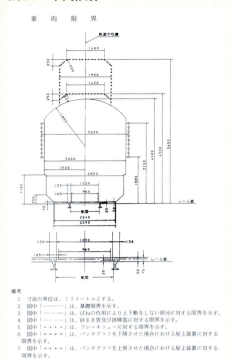

備考
1. 寸法の単位は、ミリメートルとする。
2. 図中「―――」は、基礎限界を示す。
3. 図中「―・―」は、ばねの作用により上下動をしない部分に対する限界を示す。
4. 図中「―‥―」は、砂まき管及び排障器に対する限界を示す。
5. 図中「‥‥‥」は、ブレーキシューに対する限界を示す。
6. 図中「―――」は、パンタグラフを下降させた場合における屋上装置に対する限界を示す。
7. 図中「―・・―」は、パンタグラフを上昇させた場合における屋上装置に対する限界を示す。
8. 図中「-o-o-o-」は、標識に対する限界を示す。

図82 クハ415形1900番台の車体断面図

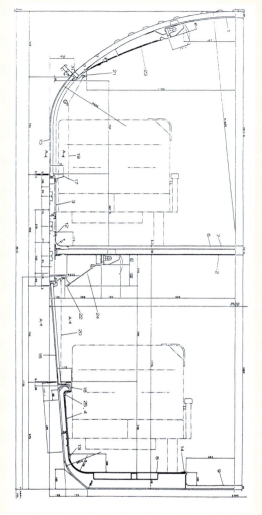

と同じ2900mmです、これは415系1500番台や211系の2950mmより狭いのですが、どういった理由からですか。

町田 1900番台の車体断面形状は、当時の普通鉄道構造規則の車両限界に準拠しました。この限界の上部幅は3000mmですが、電車ホーム（レール面上1100mm＋建築限界との隙間60mm の1160mm）にあたらないよう下部が縮小されています。そのため上部の車体幅を2950mmにすると下部へのRがきつくなって、1階席が狭く床面も狭くなり客室として成り立たなくなってしまうので、上部幅を2900mmにして少し緩やかにすぼめる形状で作ったのです。

——2階部と1階部の客室のバランスを考えて作った断面形状なのですね。ところで2階席の通路幅は450mmと苦労された跡がうかがえます。

町田 2階席通路高さは2階建てグリーン車と同等の約1900mmとしましたが、座席数を増やすため3+2列の5人掛とした関係で通路幅は普通鉄道構造規則の最小値としました。通勤車両の普通車で通路幅450mmはいかがなものかという声もあったのですが、そ

階段部
2階座席

1階座席

クハ415形1900番台室内　平成5年11月20日　写真：福原俊一

れも踏まえて検証するということで踏み切りました。それと冷房装置は2階建てグリーン車同様車端部屋根上に搭載しましたが、定員を考慮して20000kcal/h×2の40000kcal/hに増強（2階建てグリーン車は18000kcal/h×2）しました。

◇

町田　私は1900番台が完成する前に車両課から転出したので、その後は関わっていませんが、検修に携わった関係者からは手間のかからない扱いやすい車両だったと聞きました。子供たちには人気があったようですが、立席は50名くらいなので朝のピーク時はつらかったかもしれません。現在の常磐線中電は2階建てグリーン車が連結されていますが、こういう車両もあったことは忘れないでほしいですね。

――本日は有難うございました。

用語解説：普通鉄道構造規則とは

　鉄道の運転取扱いに関する法律として「鉄道営業法」が定められ、第一条で「鉄道ノ建設、車両器具ノ構造及運転ハ国土交通省令ヲ以テ定ムル規程ニ依ルヘシ」と定められている。国鉄の分割民営化に伴い、それまでの「日本国有鉄道建設規程」などに代わって技術基準を定めた省令「普通鉄道構造規則」などが昭和62年に公布された。この「普通鉄道構造規則」には車両限界をはじめ具体的数値が定められていたが、他の「特殊鉄道構造規則」などとともに「鉄道に関する技術上の基準を定める省令」（平成13年12月公布）に統合されている。

　なお普通鉄道とは「鉄道事業法」に基づいた鉄道の一種で「2本のレールに導かれてそのレールの上を車両が走行する鉄道」のことである。

⑪ 民営化後の変遷（JR西日本）

　JR西日本には415系が承継されなかったが、平成3年9月に電化開業した七尾線用として113系改造の415系800番台が誕生した。以下、800番台の誕生と鉄道愛好家の関心を惹くと思われる変遷を述べてみたい。

1　415系800番台改造のいきさつと概要

　平成3年9月、七尾線津幡－和倉温泉間が電化され、大阪・名古屋から電車特急の直通運転によるスピードアップとローカル列車の電車化・フリーケンシーアップなどの輸送改善が実施された。七尾線の電化は平成元年から本格的な検討に入ったが、低空頭の駅跨線橋や跨線道路橋などが多く、また地方交通線への投資であり工事費の節減が大きな命題でもあったことから、建築限界が小さくできる（架線高さを低くできる）直流電化に決定した。

　交流電化の北陸本線と直通運転するローカル電車は、近畿圏アーバンネットワークへの221系投入により捻出した113系を交直流化改造して転用されることになった。改造にあ

七尾線415系3両編成が交直デッドセクションを通過中　平成4年8月25日　津端－中津幡　写真：寺本光照

表32 415系800番台転用図

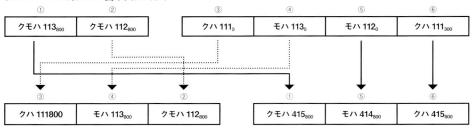

表33 415系800番台 主要諸元

			クモハ415		モハ414	クハ415
改造種車			クモハ113形800番台		モハ112形0番台	クハ111形300番台
電気方式			直流1500V・交流20000V（50Hz・60Hz）			
最高運転速度（km/h）			100			
定員（座席）			142（48）		154（55）	138（46）
自重（t）			約40	約42	約45	約38
車体	構体		鋼製			
	連結面間長さ（mm）		20000			
	車体幅（mm）		2900			
	屋根高さ（mm）		3654			
	床面高さ（mm）		1225			
	パンタ折り畳み高さ（mm）				4232	
	座席配置		セミクロスシート			
	出入口幅（mm）×数		1300 両開×3			
	主な車体設備					和式便所
空調装置	方式（形式）		天井分散（WAU102）		天井集中（AU75Eなど）	
	容量（kcal/h×数）		12000×3		42000×1	
台車	方式		コイルばね			
	形式		DT21B			TR62
	歯数比		17:82＝4.82			―
制御方式			直並列抵抗制御・弱界磁励磁			
性能（電動車1組の定格）	出力（kW）		960			
	速度（km/h）		52.5			
	引張力（kg）		6690			
主電動機	方式		直流直巻			
	最弱め界磁率（%）		40			
	駆動方式		中空軸平行カルダン			
	形式		MT54			
パンタグラフ	枠組み				菱形（アルミ）	
	形式				PS16H	
主制御器	方式		電動カム軸式			
	形式		CS12Dなど			
主抵抗器	方式		強制風冷式			
	形式		MR61			
主変圧器	方式				送油風冷式	
	形式				TM20	
主整流器	方式				単相ブリッジ式	
	形式				RS22A	
補助電源装置	方式					MG
	出力（種別・電圧）					3相交流440V
	出力（kVA）					110
	形式					MH128D-DM85D
電動空気圧縮機	方式					単動ベルト駆動
	形式					MH80A-C1000
ブレーキ方式			発電ブレーキ併用電磁直通ブレーキ			
記事			クモハ415-801・802	クモハ415-803以降		

たっては工事費を極力抑えるため、交流機器は直流電化区間で運用されている485系「北近畿」から転用したほか、先頭車化改造やMG取付工事を施行しないですむよう、表32のようにユニットを組替えるなど、きめ細かな転用改造が実施された。改造後の形式は性能的に同等な415系がおこされ、福知山線用113系と同様な耐寒耐雪装備のため800番台として他旅客会社の415系在来車と区別された新たなグループが誕生した。

800番台は2M1T3両ユニットを基本編成とし、415系としては初のクモハがおこされ、M'車とTc車は主として45・46年度冷房改造車が種車に選定された。113系量産冷房車は冷房電源と制御・補助電源兼用のMGがM'車に設けられているのに対し、45・46年度冷房改造車では冷房電源専用MGがTc車に設けられているので改造後も使用できること、M'車に交流電気機器の取付けが容易なためである。また800番台は、北陸本線で使用されている在来の交直流電車と異なりステップのない種車の車体をそのまま使用するため、共用ホームに改良された七尾線限定運用としたが、413系などと併結できる構造としている。

七尾線は前述のように架線高さを低くできる直流電化が採用されたが、建築限界を低く

「急行」を正面幕に掲げた415系　平成3年9月1日　七尾
写真：佐藤利生

図83　形式図（モハ414形800番台）

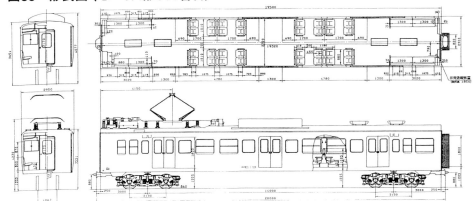

図84　形式図（クハ415形800番台）

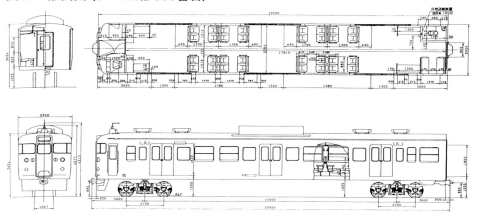

するため、パンタグラフ折り畳み高さは一般の線区より20mm低い4280mmとした特殊車両限界が制定され、415系800番台もこの車両限界が適用されている。ちなみにこの4280mmは、電化計画当時に投入が想定された車両のなかでパンタグラフ折り畳み高さが最も高いEF81のそれが適用されたものである。

（1）車体構造は113系800番台と同様な耐寒耐雪仕様とした。種車は113系のなかでもいわゆる初期車が供されたことから、ポリウレタン樹脂塗屋根化など延命NB工事を併施した。

（2）客室はシートピッチを1700mmに拡大し

分散型冷房を装備したクモハ415形の上り急行　平成3年11月1日　和倉温泉　写真：五十嵐六郎

クモハ415形800番台　平成8年3月23日　写真：福原俊一

図85　台枠機器配置図（クモハ415形800番台）

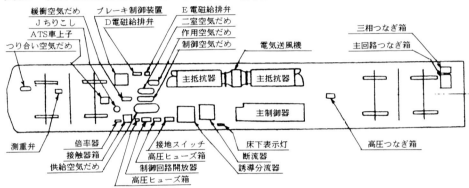

たバケットタイプ腰掛の取替え、化粧板の取替えなどにより一新した。戸閉機械は113系800番台と同様に半自動式に改造し、種車の通風器がグロベンの場合は押込式に取替えた。またTc車の便所には循環式汚物処理装置を取付けた。

(3) 種車が非冷房の場合は冷房改造を併施しモハ414-801にはAU75系列集中式冷房装置を、クモハ415-801・802には分散式冷房装置（WAU102）を取付け、扇風機を併設した。

(4) 主変圧器・主整流器などの交流電気機器は485系から流用し、重量の大きい主変圧器を取付けるM'車は台枠を改造した。また種車のM'車に設けられていた20kVAMGを撤去

し、TC車の110kVAMGを制御電源に使用できるように改造した。

(5) 台枠機器配置は図85～87の通りで、M'車は種車のMG・CPを撤去して交流電気機器を取付け、Tc車はMG・CP用リアクトル追設など脈流対策を施した。運転室スペースが狭いTc車は運転士席背面と助士席背面に機器室を設け、助士席側に仕切扉を追設した。

(6) M'車のパンタグラフ取付部は低屋根に改造し、413系と同様に屋根上機器を配置した。ただし種車の台車中心距離は413系に比較して200mm長くパンタグラフの偏倚量が大きくなることから、パンタグラフ取付位置は100mm車端寄り（台車中心寄り）に設けた。

モハ414形800番台　平成7年10月8日　写真：福原俊一

図86　台枠機器配置図（モハ414形800番台）

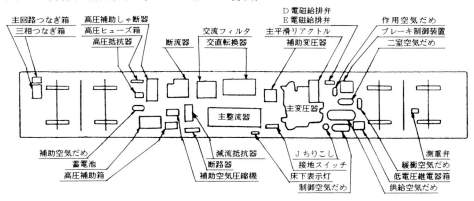

2　415系800番台の営業運転開始と変遷

　800番台の外部色は青（M'車はピンク）とグレーを基調としたが、平成2年度下期改造の一部編成はクリームを基調とした福知山色で落成し、七尾線電化まで暫定的に福知山線で使用された。翌3年9月の七尾線電化開業に伴うダイヤ改正で800番台は金沢－七尾間・金沢－松任間のローカル列車に運転を開始した。七尾線には金沢発着のディーゼル急行「能

表34　冷房改造車（JR西日本）

装置種別	JR西日本
	分散タイプ
改造施行車	（クモハ415のみ在籍）
形式	WAU102
冷房容量（kcal/h）	12000×3
冷房電源方式	制御・補助兼用 110kVAMG
冷房電源搭載車両	Tc車
扇風機	有り（併設）
改造初年度	平成2年度

クハ415形800番台　平成8年3月23日　写真：福原俊一

図87　台枠機器配置図（クハ415形800番台）

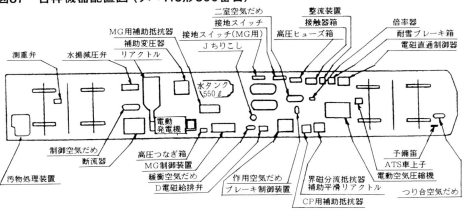

図88　「JTB時刻表」平成3年9月号　遜色急行「能登路」時刻表

七尾駅で憩う415系3両編成　平成3年11月1日　七尾　写真：五十嵐六郎

登路」が運転されていたが、このダイヤ改正で金沢－和倉温泉間の1往復が800番台で運転されるようになった。電車急行「能登路」は4年3月ダイヤ改正で下り1本のみの運転となり、13年3月のダイヤ改正で廃止されたが、415系一族にとって最後の遜色急行でもあった。800番台は誕生後も多くの改造工事が施行されたが、外観上の変化が著しいものとして

① クハ415-801に霜取用パンタグラフを取付け
② 側引戸開閉用押しボタンを取付け
③ 落下防止と腐食防止の見地から通風器を撤去

などが施行された。通風器の落下といっても多くの読者はピンと来ないと思うが、民営化直前の昭和61年9月にはモハ452の通風器が本体の腐食により屋根上の取付板から外れて落下するなど、ごくまれに発生していたことを補足しておこう。

JR西日本では在来線車両の外部色を地域別の単色カラーに統一することを決定、七尾

七尾線用の新旧塗装同士の連結　平成22年7月2日
七尾　写真：五十嵐六郎

線は輪島塗を連想させる赤が採用され、800番台は21年度から順次外部色が変更された。その後27年3月ダイヤ改正で北陸新幹線長野－金沢間が開業、これに伴い並行在来線は経営分離され、800番台が運転される金沢－津幡間は新生あいの風とやま鉄道に変更（津幡－七尾間は従来通りJR西日本）されている。

800番台の種車には113系の初期の車両が選定された関係で26年度に経年50年つまり満50歳を迎えた古豪も少なくないが、27年3月現在も33両が在籍している。

急行「能登路」とのと鉄道のNT100形　平成3年11月1日　和倉温泉　写真：五十嵐六郎

JR西日本415系800番台 について
－児玉佳則氏に聞く－

（聞き手：福原俊一）

児玉佳則氏　略歴
昭和30年生　昭和53年国鉄入社
JR西日本車両部車両設計室課長
（平成27年3月現在）

JR西日本は平成3年9月に直流電化した七尾線のローカル電車として近郊形電車を投入しました。改造費を極力抑えるため近畿圏から捻出した113系を種車とし、直流電化区間で運用されている485系「北近畿」から交流電気機器を転用した415系の新たなグループが誕生した。同社車両部車両課で800番台の改造計画に携わった児玉佳則氏にお話をうかがった。

――415系800番台が誕生した経緯からお聞かせ下さい。

児玉　七尾線は地上設備の関係で直流電化と決定しました。従来のローカル列車は交流電化区間の金沢まで直通運転されていたので、電化したら津幡で乗換えというわけにもいきませんから金沢まで直通できる交直流電車を投入することになりました。そのころはまだ、交直流車電車を新製していなかったことから、増備に対しては直接新車投入するか、交直流化改造ということになりますが、投資額抑制のため改造で対応することになったのです。

――北陸地区では平成元年度まで急行形交直流電車の413系改造を施行していましたが、そういう案はなかったのですか。

児玉　七尾線の電化により電車の所要両数が増えますが、413系のような車体更新では両数が増えませんから、近郊形直流電車を種車に考えたのです。当時の福知山線の485系「北近畿」は交流機器を使っていませんでした。この交流機器が流用できると考え、485系の交流機器を搭載して交直流化する方法を採用したのです。最初は種車として、岡山地区の115系1000番台3両編成を考えました。耐寒耐雪仕様なこと、制御器も金沢地区に多数配置されているCS15で保守に違和感がないこと、3両編成なので先頭車化改造の必要がないことなど、七尾線用車両に適した仕様なので、本社内関係課に打診してみましたが、捻出できないことが分かったので113系を改造することになったのです。

――115系1000番台は側引戸も半自動なので、七尾線に適していたように思いますね。

児玉　ただ115系1000番台を種車にしたら、M'車の160kVAMGをTc車に移設して交流機器を載せるか、Tc車に交流機器を積む必要があります。いずれにしても大改造になったので113系を改造して結果的によかったと思います。それで113系を探していた頃、福知山支社から113系2両編成を3両に輸送力増強したいという話がありました。当時は京阪神地区に221系が投入され、113系4両編成を捻出していたので、福知山の2両と阪和線から捻出した4両を編成替えして福知山地区は3両に編成増強する、七尾線には3両で改造投入するということにしたのです。

――3両編成を作るために電動車ユニットの組替えまで実施しましたが。

児玉　大がかりな工事になる先頭車化改造をしないで短編成化するための方策ですが、新幹線電車はともかく在来線電車でユニットを組替えたのは珍しいと思います。絶対キロは異なりますが、定期検査を併施して走行キロをリセットしたと記憶しています。

分散タイプの冷房装置が搭載されたクハ415形800番台　平成2年12月29日　写真：福原俊一

——ところで改造後の形式ですが、113系800番台に合わせて415系800番台としたのですか。

児玉　113系の耐寒耐雪仕様は700・800番台がありましたが、415系では700番台が他会社に存在しているので、あまり悩まずに800番台と決めました。他会社ではクハの形式番号は411でしたが、クハ415として形式番号を揃えました。

——113系の種車ですが、Tc車に冷房専用MGを搭載した45・46年度冷房改造車を選定しました。

児玉　419系で110kVAMGを制御兼用に使っていましたが、金沢地区では419系のほか475系などで冷房専用として110kVAMGを保守していて、馴染みのあるMGでしたので、419系、413系と同じシステムで揃えようと考えたのです。輸送サイドの要請から415系800番台は11編成が所要だったので

すが、冷房専用の110kVAMGを搭載したTc車を探したら10両あったのでこれを転用したのです。

——11編成中10編成は45・46年度冷房改造車を転用、残りの非冷房の1編成ユニットは冷房改造が施行され、クモハ415には分散タイプの冷房装置が搭載されました。

児玉　当時の近郊・通勤形電車は屋根構体の補強が不要な分散タイプのWAU102で冷房改造を施行していたので、それを適用しました。構体の改造ではM'車の低屋根化が一番大きな工事でした。機器取付座の付いた屋根ブロックをメーカーから購入し、種車の屋根を切って接合しました。重量物の主変圧器を積むM'車の台枠は横ハリを増設しましたが、冷房改造のメニューで160kVAMG取付けの際の横ハリ増設を参考にして施行しました。

——車体設備ではクロスシートのピッチを広げましたが、七尾線での急行運用を考慮した

188

モハ414形800番台の低屋根部分　平成22年7月2日　写真：五十嵐六郎

車端部は、妻壁が厚くなった関係で小窓に変更されている
平成3年7月4日　福知山　写真：五十嵐六郎

のですか。

児玉　113系のクロスシートは七尾線にそれまで走っていた急行形気動車よりもシートピッチが狭くなりますが、金沢支社からシートピッチを広げてほしいとの要望がありました。当時、広島地区115系の延命工事で施行していたシートピッチの広いクロスシートを紹介したところ、金沢支社からもOKが出たのでそのメニューを適用したのです。

――広島地区の115系と同様なバケットタイプの腰掛が使用されたのはそういった経緯があったのですね。クハ415形800番台の水タンクは700ℓから550ℓに取替えましたが、どのような理由からですか。

児玉　水タンクは一般に車体中央部に取付けますが、415系800番台では補助変圧器などを搭載する関係で中央部にぎ装できなくなってしまい、容量も550ℓに小さくしてなおかつ車側に寄せて取付けました。水タンクは保守の容易なFRPタイプに代えたほか、耐寒耐雪工事のメニューとして自動帰水装置などの凍結防止対策を施しました。

――415系800番台は先頭車と中間車でが異なるカラーリングが採用されました。

児玉　当時の金沢支社は外部色を変更して独自性を出すことに取組んでおり、本社もこれを認めていました。415系800番台も支社から提案があった外部色に決定したのです。現在では平凡な赤一色になっているようですが。

◇

――415系800番台の種車には113系の初期の車両が選定された関係で、平成26年度に経年50年を迎えた古豪も少なくありませんが。

児玉　交直流化改造時に延命工事を施行していますが、そこから考えても四半世紀が経っています。経年数が高いので保守も大変だと思いますが、沿線のお客様から「七尾線の電車」として親しまれているようなので、これからも頑張ってもらいたいと思います。

――本日は有難うございました。

12 民営化後の変遷（JR九州）

1 リニューアル工事

　民営化後のJR九州は福岡・北九州都市圏を中心に811・813系など良質な転換クロスシート車を投入し、輸送改善と老朽421・423系取替えを進めた。一方、415系は新形式車と比較してアコモデーション面の見劣りが著しいことから、0'番台・100番台を対象としたリニューアル工事が平成8年度から15年度まで施行された。主な改造施行内容は
（1）通勤時間帯の混雑緩和のため腰掛をロングシートに取替えたほか、客室内はJR九州の車両デザインをベースにカラーリングを変更した。
（2）側窓は換気量を考慮して一部を除いて固定窓に変更し、省力化と眺望改良を図った（14年度以降の改造車は除く）。

門司港の415系　平成27年4月22日　写真：福原俊一

モハ414リニューアル改造車　平成9年10月18日　写真：福原俊一

などで、9年度以降の改造車で種車が0'番台の場合は奇数向きTc車の便所を撤去（編成中の便所数を1箇所に変更）するなど工事内容は施行年度で変化が見られる。この工事に伴いJR九州に在籍する0'番台・100番台は大分地区配置の車両を除いてロングシート化が完了した。

2 廃車及び他社からの譲受

　JR九州が承継した421・423系は上述の冷房改造工事が施行され当分は安泰と思われたが、平成元年度に811系、5年度に813系投入に伴い、421系の淘汰が4年度からはじまり

リニューアル改造で便所が撤去されたクハ411奇数向きTc車　平成21年7月11日　直方　写真：五十嵐六郎

415系リニューアル編成　平成13年7月12日　門司　写真：五十嵐六郎

421系電動車は7年度に消滅した。423系も813系の増備により淘汰が進められ、最後まで残った7編成も11年10月ダイヤ改正で定期運用を離脱して12年度に消滅、事故廃車補充として423系編成に組み入れられたクハ411-335も淘汰された。

一方の415系も0番台の淘汰が22年度からはじまったが、一足早い20年度に500番台8両と1500番台4両をJR東日本から譲受した。0番台の取替えにあたり813系を新製投入する計画案であったがメーカーの製造能力から3編成不足することが判明、その時期にちょうどJR東日本で415系の淘汰が計画されているとの話があり、候補車両を調査して500・1500番台を購入したと、JR九州運輸部の田辺努課長は当時のいきさつを語った。

3 運転の変遷

平成13年10月に筑豊本線・篠栗線などの黒崎－博多間（愛称・福北ゆたか線）が電化開業、817系などが投入されたが415系も朝夕の通勤時間帯に乗入れるようになった。勢力が縮小していた415系一族にとって久方ぶりの運転区間の拡大でもあった。

JR九州発足時に415系一族は山陽本線・宇部線まで乗入れていたが、14年3月ダイヤ改正で宇部線直通列車が廃止さ

表35　リニューアル工事

編成番号	番号				年月日	場区
F1	クハ411-321	モハ415-11	モハ414-11	クハ411-322	平9.11.27	小倉工
F4	クハ411-327	モハ415-14	モハ414-14	クハ411-328	平10.4.26	小倉工
F5	クハ411-329	モハ415-15	モハ414-15	クハ411-330	平10.8.14	小倉工
F6	クハ411-331	モハ415-16	モハ414-16	クハ411-332	平9.8.20	小倉工
F7	クハ411-333	モハ415-17	モハ414-17	クハ411-334	平9.1.28	小倉工
F8	クハ411-337	モハ415-18	モハ414-18	クハ411-336	平9.3.31	小倉工
F9	クハ411-339	モハ415-19	モハ414-19	クハ411-338	平10.7.3	小倉工
F103	クハ411-103	モハ415-103	モハ414-103	クハ411-203	平13.3.1	小倉工
F104	クハ411-104	モハ415-104	モハ414-104	クハ411-204	平16.11.11	小倉工
F105	クハ411-105	モハ415-105	モハ414-105	クハ411-205	平15.3.5	小倉工
F106	クハ411-106	モハ415-106	モハ414-106	クハ411-206	平12.10.17	小倉工
F108	クハ411-108	モハ415-108	モハ414-108	クハ411-208	平12.12.26	小倉工
F110	クハ411-110	モハ415-110	モハ414-110	クハ411-210	平14.10.21	小倉工
F111	クハ411-111	モハ415-111	モハ414-111	クハ411-211	平10.3.11	小倉工
F119	クハ411-119	モハ415-119	モハ414-119	クハ411-219	平15.12.1	小倉工
F120	クハ411-120	モハ415-120	モハ414-120	クハ411-220	平14.4.9	小倉工
F122	クハ411-122	モハ415-122	モハ414-122	クハ411-222	平14.12.13	小倉工
F123	クハ411-123	モハ415-123	モハ414-123	クハ411-223	平9.7.4	小倉工
F124	クハ411-124	モハ415-124	モハ414-124	クハ411-224	平9.10.8	小倉工
F125	クハ411-125	モハ415-125	モハ414-125	クハ411-225	平18.3.31	小倉工
F126	クハ411-126	モハ415-126	モハ414-126	クハ411-226	平10.1.21	小倉工

小倉工場に入場中の415系

検査中のクハ411形
平成27年4月22日　写真：福原俊一

平成27年4月22日　写真：福原俊一

れ、さらに17年10月ダイヤ改正でJR西日本受持ちの寝台特急「彗星」など九州乗入れ列車廃止に伴い、これと相殺する格好で下関以東の乗入れが廃止された。

一方、南九州地区でローカル電車に使用されていた老朽475系が置替えられることになった。813系投入により北九州地区から捻出した415系500番台が転用され、19年3月ダイヤ改正で415系の運転区間に川内−鹿児島中央−国分間が加わった。ところでこの区間のプラットホームを扛上したか疑問に思いJR九州の田辺課長にお聞きしたところ、電

Column

クハ421-35とクハ421-65のこと

　JR九州の415系一族は、昭和49年に事故廃車となったF22編成（クハ421-43編成）を除けば、4両ユニットで番号の揃った編成であった。平成3年1月に柳ヶ浦駅構内でF33編成が脱線しクハ421-65が損傷したため、F18編成のクハ421-35と差替えてF33編成を運用に復帰させ、4両ユニットで番号の揃わない編成が誕生した。クハ421-35とクハ421-66ともにAU2X冷房改造車だが、施行年度の関係で床置式冷房装置と屋根上排風装置取付位置の異なる組合せでもあった。なおF18編成はJR九州に承継された421系のなかでもっとも早く4年度に、一方のF33編成も6年度に廃車され、この変則編成も過去帳入りした。

表36　421系ユニット組替え

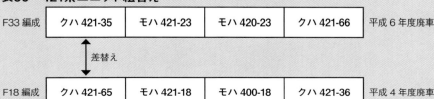

F33編成	クハ421-35	モハ421-23	モハ420-23	クハ421-66	平成6年度廃車
	↕差替え				
F18編成	クハ421-65	モハ421-18	モハ400-18	クハ421-36	平成4年度廃車

415系と九州新幹線「つばめ」との邂逅　平成21年7月10日　鹿児島中央　写真：五十嵐六郎

小倉に向け発車した415系4両編成　平成21年7月11日　写真：五十嵐六郎

車と他の車両が走行する共用ホーム（920mm）に扛上（一部は電車ホーム〈1100mm〉に扛上）しているとのことだった。

◇

　JR九州の415系は上記のほか、車体側面に行先表示器取付け、JR西日本在籍車と同様に通風器撤去などが施行された。運転区間では山陽本線下関以東からは撤退したが、平成27年3月現在も鹿児島本線をはじめとした下関・門司港－熊本・長崎・早岐・佐伯間、川内－鹿児島中央－国分間のローカル運用で使用されている。民営化時の継承両数と比較すると大幅に減少したが、同年3月現在も100番台から1500番台まで162両が在籍している。

門司港ホームに到着した415系
平成21年7月7日　写真：五十嵐六郎

通風器が撤去されたクハ411形1500番台　写真：福原俊一

筑豊本線直通の50系客車通勤列車のスジは電化後一貫して415系が受け持っている。平成25年4月27日　折尾
写真：大塚　孝

[巻末資料] 415系全車車両履歴一覧

車歴表の見方

形式番号	種車形式番号	年月日	場区	落成配置	JR	改造または廃車
クハ403-1		昭41.7.2	東急	勝田	—	クハ401-26／昭55.4.19
クハ415-10		昭49.11.7	日立	勝田	—	平18.7.20
クハ415-11		昭49.12.5	東急	南福岡	九	平25.8.27、平25.8.29
クハ414-1521	クハ112-15	昭62.2.26	(次頁)	金沢	西	
クハ414-810	クハ113-813	平3.6.10	川重	金沢	九	
クハ415-811	クハ113-814	平3.6.10	(松任)	金沢	西	

- 平成27年3月現在のデータに基づく。
- 番号・種車番号欄：電動車はMM'ユニット単位で記載。
- 年月日・場区欄：車両の新製(改造)時の配置区所を示す。
- 落成配置欄：各車両の新製(改造)時の配置区所を示す。
- JR欄：民営化後の継承会社を示す。
- 改造または廃車年月日 解説
  - 各車両の廃車年月日または改造後番号を示す(例1、例2参照)。
  - 改造後番号または廃車年月日がMM'ユニットで異なる場合は、「／」で区切って記載。
  - この欄の空白は現有車であることを示す(例3参照)。

新製・改造（電動車）

形式番号	種車形式番号	年月日	場区	落成配置	JR	改造または廃車
クハ401-1	モハ401+モハ400	昭35.8.6	川重	宇都宮	—	昭53.11.30
クハ401-2		昭35.8.5	日立	宇都宮	—	昭53.11.30
クハ401-3		昭36.5.12	日立	勝田	—	昭57.2.25
クハ401-4		昭36.5.12	日立	勝田	—	昭57.5.1
クハ401-5		昭36.5.20	日立	勝田	—	昭57.5.20
クハ401-6		昭36.5.20	日立	勝田	—	昭56.9.26
クハ401-7		昭36.5.20	日立	勝田	—	昭55.4.25／ユニット組替え
クハ401-8		昭36.5.30	日立	勝田	—	昭56.11.16
クハ401-9		昭36.5.13	日立	勝田	—	昭61.3.10

415系全車車両履歴一覧（続き）

形式番号	種車形式番号	年月日	場区	落成配置	JR	改造または廃車
クハ401-10	モハ400-10	昭36.5.31	日立	勝田	—	昭62.2.5
クハ401-11	モハ400-11	昭36.5.19	汽車	勝田	—	昭56.12.21
クハ401-12	モハ400-12	昭37.3.27	日立	勝田	—	昭57.4.19
クハ401-13	モハ400-13	昭37.3.27	日立	勝田	—	昭62.2.5
クハ401-14	モハ400-14	昭37.3.29	日立	勝田	—	昭57.6.14
クハ401-15	モハ400-15	昭37.3.30	日立	勝田	—	昭57.11.15
クハ401-16	モハ400-16	昭37.3.30	日立	勝田	—	昭61.2.17
クハ401-17	モハ400-17	昭37.4.28	日立	勝田	—	昭62.2.5
クハ401-18	モハ400-18	昭37.8.18	日立	勝田	—	昭61.3.10
クハ401-19	モハ400-19	昭37.8.18	日立	勝田	—	昭61.2.17
クハ401-21	モハ400-21	昭37.9.8	日立	勝田	—	昭62.2.5
クハ401-22	モハ400-22	昭37.9.11	日立	勝田	—	昭61.10.27
クハ401-23	モハ400-24	昭41.2.12	東急	勝田	東	平3.6.5
クハ401-25	モハ400-25	昭55.4.26	(郡山)	勝田	東	平3.2.28
クハ401-26	モハ400-7	昭55.4.26		勝田	東	昭62.2.5
◆421系（モハ421+モハ420）						
クハ421-1	モハ420-1	昭35.12.25	敦賀二		九	昭54.5.17
クハ421-2	モハ420-2	昭35.12.28	敦賀二		九	昭54.5.4
クハ421-4	モハ420-4	昭36.4.20	南福岡		九	昭62.3.31
クハ421-5	モハ420-5	昭36.4.25	南福岡		九	昭62.3.31
クハ421-7	モハ420-7	昭36.4.23	川重		九	昭62.3.31
クハ421-8	モハ420-8	昭36.5.4	南福岡		九	昭62.3.31
クハ421-9	モハ420-9	昭36.11.24	近車		九	昭61.8.18
クハ421-10	モハ420-10	昭36.11.24	南福岡		九	昭61.8.18
クハ421-11	モハ420-11	昭36.12.11	日立		九	昭62.2.5
クハ421-13	モハ420-13	昭36.12.11	日立		九	昭62.2.5
クハ421-14	モハ420-14	昭36.12.27	日立		九	昭61.6.20
クハ421-15	モハ420-15	昭37.1.21	日立		九	昭61.8.18
クハ421-16	モハ420-16	昭37.1.21	日立		九	昭62.2.5
クハ421-17	モハ420-17	昭37.2.1	日立		九	昭61.8.18
クハ421-18	モハ420-18	昭37.2.1	(小倉)		九	平6.1.27
クハ421-19	モハ420-19	昭38.3.23	日立		九	平5.3.18
クハ421-20	モハ420-20	昭41.2.11	(小倉)		九	平6.10.31
クハ421-21	—	昭40.12.7	—		九	平6.3.2
クハ421-21	モハ420-21	昭41.2.10			九	平7.10.5
†クハ420-2		昭40.11.20	—		九	ユニット組替え
クハ421-22	モハ420-22	昭41.2.10			九	平8.3.1
†クハ420-3		昭41.1.18	—		九	ユニット組替え
クハ421-23	モハ420-23	昭41.2.11			九	平6.10.31
◆403系（モハ403+モハ402）						
クハ403-1	モハ402-1	昭41.7.2	東急	勝田	—	クハ401-26／昭54.4.19
クハ403-2	モハ402-2	昭41.7.22	東急	勝田	東	平2.8.24
クハ403-3	モハ402-3	昭41.7.22	川重	勝田	東	平3.7.6
クハ403-4	モハ402-4	昭55.4.25		勝田	東	平4.2.1
クハ403-5	モハ402-5	昭42.1.26	日立	勝田	東	平3.2.25
クハ403-6	モハ402-6	昭42.1.26	日立	勝田	東	平4.4.2

形式番号	種車形式番号	年月日	場区	落成配置	JR	改造または廃車
クハ403-7	クハ402-7	昭42.1.26	日立	勝田	東	平20.2.18
クハ403-8	クハ402-8	昭42.2.1	日立	勝田	東	平4.5.1
クハ403-9	クハ402-9	昭42.2.1	日立	勝田	東	平18.3.11
クハ403-10	クハ402-10	昭42.2.1	日立	勝田	東	平9.6.10
クハ403-11	クハ402-11	昭42.2.15	日立	勝田	東	平9.9.18
クハ403-12	クハ402-12	昭42.2.15	日立	勝田	東	平20.3.31
クハ403-13	クハ402-13	昭41.12.26	東急	勝田	東	平2.10.1
クハ403-14	クハ402-14	昭42.1.31	東急	勝田	東	平4.7.1
クハ403-15	クハ402-15	昭42.1.31	日立	勝田	東	平9.5.27
クハ403-16	クハ402-16	昭42.1.31	日立	勝田	東	平19.10.15
クハ403-17	クハ402-17	昭42.2.20	東急	勝田	東	平17.11.1
クハ403-18	クハ402-18	昭42.2.20	東急	勝田	東	平17.8.12
クハ403-19	クハ402-19	昭42.2.20	東急	勝田	東	平17.9.16
クハ403-20	クハ402-20	昭43.12.24	東急	勝田	東	平19.3.21
◆423系（モハ423＋モハ422）						
クハ423-1	クハ422-1	昭40.1.18	日立	南福岡	九	平9.6.4
クハ423-2	クハ422-2	昭40.5.13	日立	南福岡	九	平13.3.1
クハ423-3	クハ422-3	昭40.5.13	日立	南福岡	九	平8.3.19
クハ423-4	クハ422-4	昭40.5.25	日立	南福岡	九	平10.3.26
クハ423-5	クハ422-5	昭40.5.25	日立	南福岡	九	平8.7.5
クハ423-6	クハ422-6	昭40.8.3	日立	南福岡	九	平11.3.29
クハ423-7	クハ422-7	昭40.8.3	日立	南福岡	九	平9.2.3
クハ423-8	クハ422-8	昭40.8.4	日立	南福岡	九	平11.3.29
クハ423-9	クハ422-9	昭40.8.4	日立	南福岡	九	平9.2.3
クハ423-10	クハ422-10	昭40.8.12	日立	大分	九	平9.2.3
クハ423-11	クハ422-11	昭40.8.12	日立	大分	九	平11.3.31
クハ423-12	クハ422-12	昭41.3.1	汽車	大分	九	平10.3.26
クハ423-13	クハ422-13	昭41.3.2	東急	大分	九	平11.3.31
クハ423-14	クハ422-14	昭41.8.2	帝車	大分	九	平10.3.26
クハ423-15	クハ422-15	昭41.8.2	帝車	大分	九	平13.3.1
クハ423-16	クハ422-16	昭41.8.23	日立	大分	九	平11.3.31
クハ423-17	クハ422-17	昭41.8.23	日立	大分	九	平13.3.1
クハ423-18	クハ422-18	昭41.8.24	日立	南福岡	九	平13.3.1
クハ423-19	クハ422-19	昭41.10.18	東急	南福岡	九	平9.6.4
クハ423-20	クハ422-20	昭41.9.19	東急	南福岡	九	平11.3.29
クハ423-21	クハ422-21	昭42.8.5	東急	南福岡	九	平9.6.4
クハ423-22	クハ422-22	昭42.8.4	東急	南福岡	九	平11.3.31
クハ423-23	クハ422-23	昭42.8.4	東急	南福岡	九	平10.3.26
クハ423-24	クハ422-24	昭42.8.28	日立	南福岡	九	平10.3.26
クハ423-25	クハ422-25	昭42.9.17	東急	南福岡	九	平11.3.29
クハ423-26	クハ422-26	昭42.9.17	東急	南福岡	九	平10.3.26
クハ423-27	クハ422-27	昭42.7.31	川重	南福岡	九	平13.3.1
クハ423-28	クハ422-28	昭41.8.24	日立	南福岡	九	平13.3.1
クハ423-29	クハ422-29	昭43.3.22	日立	南福岡	九	平11.3.29
クハ423-30	クハ422-30	昭43.3.22	日立	南福岡	九	平11.3.31
◆415系0番台（モハ415＋モハ414）						
クハ415-1	クハ414-1	昭46.4.14	東急	勝田	東	平20.3.17
クハ415-2	クハ414-2	昭46.4.14	東急	勝田	東	平11.3.31
クハ415-3	クハ414-3	昭46.4.14	東急	勝田	東	平17.10.15
クハ415-4	クハ414-4	昭49.9.24	東急	勝田	東	平19.10.15
クハ415-5	クハ414-5	昭49.9.24	東急	勝田	東	平19.11.12

形式番号	種車形式番号	年月日	場区	落成配置	JR	改造または廃車
クハ415-6	クハ414-6	昭49.9.24	日立	勝田	東	平20.4.28
クハ415-7	クハ414-7	昭49.10.18	日立	勝田	東	平19.2.3
クハ415-8	クハ414-8	昭49.11.6	日立	勝田	東	平19.11.26
クハ415-9	クハ414-9	昭49.11.6	日立	勝田	東	平20.2.18
クハ415-11	クハ414-11	昭49.12.6	日立	南福岡	九	平18.7.20
クハ415-12	クハ414-12	昭49.12.6	日立	南福岡	九	平25.8.27 / 平25.8.29
クハ415-13	クハ414-13	昭49.12.6	日立	南福岡	九	平22.9.7 / 平22.9.3
クハ415-14	クハ414-14	昭49.12.6	日立	南福岡	九	平23.1.8 / 平23.1.6
クハ415-15	クハ414-15	昭49.12.6	日立	南福岡	九	平24.9.5 / 平24.8.29
クハ415-16	クハ414-16	昭50.7.18	日立	南福岡	九	平25.3.6 / 平25.3.4
クハ415-17	クハ414-17	昭50.7.18	日立	南福岡	九	平25.9.13 / 平25.9.14
クハ415-18	クハ414-18	昭50.10.16	日立	南福岡	九	平25.6.5
クハ415-19	クハ414-19	昭50.10.16	日立	南福岡	九	平25.8.3 / 平25.8.7
◆415系100番台（モハ415＋モハ414）						
クハ415-101	クハ414-101	昭53.12.5	日立	勝田	東	平17.8.25
クハ415-102	クハ414-102	昭53.12.5	東急	勝田	東	平20.6.23
クハ415-103	クハ414-103	昭53.9.26	日立	大分	九	
クハ415-104	クハ414-104	昭53.9.26	日立	南福岡	九	
クハ415-105	クハ414-105	昭53.9.24	日立	南福岡	九	
クハ415-107	クハ414-107	昭53.9.24	日立	南福岡	九	
クハ415-108	クハ414-108	昭53.9.27	日立	南福岡	九	
クハ415-109	クハ414-109	昭53.9.27	日立	南福岡	九	
クハ415-110	クハ414-110	昭53.10.3	日立	大分	九	
クハ415-111	クハ414-111	昭53.11.30	日立	南福岡	九	
クハ415-113	クハ414-113	昭53.11.30	日立	南福岡	九	
クハ415-114	クハ414-114	昭54.3.15	日立	南福岡	九	
クハ415-115	クハ414-115	昭54.3.22	日立	南福岡	九	
クハ415-116	クハ414-116	昭54.3.22	日立	南福岡	九	
クハ415-117	クハ414-117	昭54.7.26	日立	大分	九	平20.1.7
クハ415-118	クハ414-118	昭54.7.26	日立	大分	九	平19.12.24
クハ415-119	クハ414-119	昭54.7.27	日立	大分	九	平20.4.28
クハ415-120	クハ414-120	昭55.3.13	日立	南福岡	九	平20.3.10
クハ415-121	クハ414-121	昭55.1.17	日立	南福岡	九	
クハ415-123	クハ414-123	昭55.9.17	日立	南福岡	九	平19.12.24
クハ415-124	クハ414-124	昭55.9.18	日立	南福岡	九	
クハ415-126	クハ414-126	昭55.9.11	日立	南福岡	九	平19.12.17
クハ415-127	クハ414-127	昭59.3.6	日立	大分	九	平20.17
クハ415-128	クハ414-128	昭59.3.15	日立	大分	九	平19.12.24
◆415系500番台（モハ415＋モハ414）						
クハ415-501	クハ414-501	昭57.1.29	日立	勝田	東	平20.1.28
クハ415-502	クハ414-502	昭57.3.16	東急	勝田	東	平20.4.21
クハ415-503	クハ414-503	昭57.3.16	日立	勝田	東	平18.10.3
クハ415-504	クハ414-504	昭57.3.25	日立	勝田	東	平19.3.9
クハ415-505	クハ414-505	昭57.3.29	日立	勝田	東	平19.10.19
クハ415-506	クハ414-506	昭57.2.25	日立	勝田	東	平19.10.22
クハ415-507	クハ414-507	昭57.2.25	日立	勝田	東	平20.12.24 JR九州に転籍

形式番号	形式番号	種車形式番号	種車形式番号	年月	場区	落成配置	JR	改造または廃車
クハ415-507	クハ414-507			昭61.3.13	日立	南福岡	九	
クハ415-508	クハ414-508			昭61.3.13	日立	勝田	東	
クハ415-509	クハ414-509			昭61.9.17	日立	南福岡	九	
クハ415-510	クハ414-510			昭61.9.17	日立	南福岡	九	
クハ415-511	クハ414-511			昭61.12.3	日立	南福岡	九	平19.11.26
クハ415-512	クハ414-512			昭61.12.3	日車	南福岡	九	
クハ415-513	クハ414-513			昭61.12.3	日車	勝田	東	
クハ415-514	クハ414-514			昭62.1.13	日立	南福岡	九	
クハ415-515	クハ414-515			昭62.1.13	日立	南福岡	九	
クハ415-516	クハ414-516			昭62.1.30	近車	南福岡	九	
クハ415-517	クハ414-517			昭62.1.30	近車	南福岡	九	
クハ415-518	クハ414-518			昭62.2.17	東急	勝田	東	
クハ415-519	クハ414-519			昭62.2.17	東急	勝田	東	
クハ415-520	クハ414-520			昭62.2.26	川重	南福岡	九	
クハ415-521	クハ414-521			昭62.2.26	川重	南福岡	九	平19.10.22
クハ415-522	クハ414-522			昭63.12.22	東急	勝田	東	
クハ415-523	クハ414-523			昭63.12.22	東急	勝田	東	
クハ415-524	クハ414-524			平1.7.31	近車	勝田	東	
クハ415-525	クハ414-525			平1.8.29	近車	勝田	東	
クハ415-526	クハ414-526			平1.9.8	近車	勝田	東	
クハ415-527	クハ414-527			平1.9.14	近車	勝田	東	
クハ415-528	クハ414-528			平2.4.28	近車	勝田	東	
クハ415-529	クハ414-529			平2.4.28	近車	勝田	東	
クハ415-530	クハ414-530			平2.5.24	近車	勝田	東	
クハ415-531	クハ414-531			平2.5.24	近車	勝田	東	
クハ415-532	クハ414-532			平3.2.16	東急	勝田	東	
クハ415-533	クハ414-533			平3.2.16	東急	勝田	東	
クハ415-534	クハ414-534			平3.2.22	近車	勝田	東	
クハ415-535	クハ414-535			平3.2.22	近車	勝田	東	平27.2.11

◆415系800番台 (クモハ415+モハ414)

形式番号	形式番号	種車形式番号	種車形式番号	年月	場区	落成配置	JR	改造または廃車
クモハ415-801	クモハ414-801	モハ113-804	モハ112-801	平2.10.13	(吹田)	金沢	西	
クモハ415-802	クモハ414-802	モハ113-808	モハ112-12	平3.8.24	(吹田)	金沢	西	
クモハ415-803	クモハ414-803	モハ113-810	モハ112-66	平3.7.29	(吹田)	金沢	西	
クモハ415-804	クモハ414-804	モハ113-802	モハ112-55	平2.12.28	(鷹取)	金沢	西	
クモハ415-805	クモハ414-805	モハ113-801	モハ112-111	平3.8.10	(吹田)	金沢	西	
クモハ415-806	クモハ414-806	モハ113-811	モハ112-30	平3.5.31	(吹田)	金沢	西	
クモハ415-807	クモハ414-807	モハ113-812	モハ112-30	平3.3.5	(松任)	金沢	西	
クモハ415-808	クモハ414-808	モハ113-805	モハ112-164	平3.3.15	(吹田)	金沢	西	
クモハ415-809	クモハ414-809	モハ113-806	モハ112-168	平3.8.28	(松任)	金沢	西	
クモハ415-810	クモハ414-810	モハ113-813	モハ112-15	平3.2.1	(吹田)	金沢	西	
クモハ415-811	クモハ414-811	モハ113-814	モハ112-18	平3.6.10	(松任)	金沢	西	

形式番号	形式番号	種車形式番号	種車形式番号	年月	場区	落成配置	JR	改造または廃車
クハ415-507	クハ414-507			平21.3.11	(転籍)	南福岡	九	
クハ415-508	クハ414-508			昭57.3.18	日立	勝田	東	平19.2.7
クハ415-509	クハ414-509			昭57.3.18	日立	勝田	東	平20.6.2
クハ415-510	クハ414-510			昭57.11.5	東急	勝田	東	平19.11.26
クハ415-511	クハ414-511			昭57.11.5	東急	勝田	東	平20.5.12
クハ415-512	クハ414-512			昭57.11.5	東急	勝田	東	平20.5.19
クハ415-513	クハ414-513			昭59.1.23	東急	勝田	東	
クハ415-514	クハ414-514			昭59.1.23	東急	南福岡	九	
クハ415-515	クハ414-515			昭59.1.30	東急	勝田	東	
クハ415-516	クハ414-516			昭59.1.30	東急	南福岡	九	
クハ415-517	クハ414-517			昭59.3.6	日立	勝田	東	
クハ415-518	クハ414-518			昭59.3.15	日立	勝田	東	平20.6.23
クハ415-519	クハ414-519			昭59.2.28	日車	勝田	東	平20.4.7
クハ415-520	クハ414-520			昭59.2.28	日車	南福岡	九	平20.12.24 JR九州に転籍
クハ415-520	クハ414-520			平21.3.9	(転籍)	南福岡	九	
クハ415-521	クハ414-521			昭59.12.19	日車	勝田	東	平17.10.1
クハ415-522	クハ414-522			昭59.12.19	日車	勝田	東	平19.12.17
クハ415-523	クハ414-523			昭59.12.25	日車	勝田	東	平20.3.10
クハ415-524	クハ414-524			昭59.12.25	日車	勝田	東	平20.2.4

◆415系700番台 (モハ415+モハ414)

形式番号	形式番号	種車形式番号	種車形式番号	年月	場区	落成配置	JR	改造または廃車
クハ415-701	クハ414-701			昭59.12.19	日車	勝田	東	平20.3.31
クハ415-702	クハ414-702			昭59.12.19	日車	勝田	東	平20.7.14
クハ415-703	クハ414-703			昭59.12.25	日車	勝田	東	平20.6.2
クハ415-704	クハ414-704			昭59.12.25	日車	勝田	東	平17.7.22
クハ415-705	クハ414-705			昭60.1.9	日立	勝田	東	平20.1.28
クハ415-706	クハ414-706			昭60.2.1	東急	勝田	東	平17.8.25
クハ415-707	クハ414-707			昭60.1.16	日車	勝田	東	平20.7.14
クハ415-708	クハ414-708			昭60.1.16	日車	勝田	東	平20.4.21
クハ415-709	クハ414-709			昭60.1.17	日車	勝田	東	平20.4.7
クハ415-710	クハ414-710			昭60.1.17	東急	勝田	東	平18.7.20
クハ415-711	クハ414-711			昭60.1.23	東急	勝田	東	平19.2.7
クハ415-712	クハ414-712			昭60.1.23	東急	勝田	東	平19.3.9
クハ415-713	クハ414-713			昭60.1.23	東急	勝田	東	平18.10.3
クハ415-714	クハ414-714			昭60.2.1	東急	勝田	東	平20.5.19
クハ415-715	クハ414-715			昭60.2.14	東急	勝田	東	平19.1.19
クハ415-716	クハ414-716			昭60.2.14	東急	勝田	東	平20.5.12
クハ415-717	クハ414-717			昭59.12.19	東急	勝田	東	平18.3.11
クハ415-718	クハ414-718			昭59.12.25	日立	勝田	東	平20.3.17
クハ415-719	クハ414-719			昭60.1.16	日車	勝田	東	平20.2.4
クハ415-720	クハ414-720			昭60.1.16	日車	勝田	東	平19.2.28
クハ415-721	クハ414-721			昭60.1.17	日車	勝田	東	平18.7.5
クハ415-722	クハ414-722			昭60.1.23	日車	勝田	東	平19.4.4
クハ415-723	クハ414-723			昭60.2.1	日立	勝田	東	平19.11.12

◆415系1500番台 (モハ415+モハ414)

形式番号	形式番号	種車形式番号	種車形式番号	年月	場区	落成配置	JR	改造または廃車
クハ415-1501	クハ414-1501			昭61.2.5	勝田	南福岡	九	平20.12.24 JR九州に転籍
クハ415-1501	クハ414-1501			平21.6.23	(転籍)	南福岡	九	
クハ415-1502	クハ414-1502			昭61.2.5	東急	勝田	東	平21.7.18
クハ415-1503	クハ414-1503			昭61.3.5	東急	勝田	東	平21.6.1
クハ415-1504	クハ414-1504			昭61.2.14	東急	勝田	東	平26.12.17
クハ415-1505	クハ414-1505			昭61.2.26	日車	勝田	東	
クハ415-1506	クハ414-1506			昭61.3.13	日立	勝田	東	